1

SURVOL PREALABLE DU TEXTE
(en 12 PAGES)

Introduction

Nous parlerons ici de la vie que nous vivons de nos yeux, fractions de secondes après fractions de secondes, constituant chacun de nos instants... et non de la vie de l'un ou l'autre de nos organes.

L'interprétation généralement admise des êtres met en scène un cerveau pensant qui orchestre le corps, alors que le corps obéissant agit, les deux étant intimement liés. Elle nous est restée du temps de la censure exercée par le clergé sur les progrès de l'observation du monde, grâce aux travaux de Descartes dans le domaine de l' « Optique ». Elle constitue notre problème, lourd de 400 ans de mystère. Le passage du fait physique au fait psychologique est une énigme totale.

En ce temps-là, Galilée, avec sa lunette astronomique, découvrit Jupiter et ses gros satellites, il mit le système solaire, le paradis et les enfers sens dessus-dessous, et pour compléter le tableau, Descartes avec son microscope ne retrouva aucune trace d'une âme quelconque. Les condamnations pour éréthisme se sont mises à pleuvoir. L'un fut incarcéré, l'autre s'est enfui en Europe du nord pour continuer des recherches qu'il consigna dans ses fameux carnets perdus.

Il y a une urgence. Nos étoiles voisines sont distantes de plusieurs années-lumière. La brièveté de notre vie est ridicule, face à l'immensité obscure de l'univers dans lequel notre humble système solaire se trouve en suspension. A jamais nous sera interdit l'espoir de n'être pas perdus dans l'espace, seuls sur notre planète bleue, et responsables d'elle. En plus, dans quelques années je serai mort, les siestes, la rêverie et la contemplation du vert des aiguilles de pin posé sur le bleu du ciel d'Azur s'arrêteront, plus rien ne sera fondamental. Je vais donner ma version maintenant.

Les premiers balbutiements de la vie sur Terre remontent probablement à 4,5 milliards d'années, période nommée « l'aurore de pierre » au cours de laquelle les planètes s'individualisaient dans le système solaire naissant. Et aujourd'hui, les énigmatiques « cérébrés », classe dont nous sommes et regroupant les animaux dotés d'un cerveau, mais orpheline d'une dénomination sur l'arbre phylogénétique, sont sous les feux de la rampe.

La belle évidence de l'union de leur tête et de leurs jambes n'entretient-elle pas une belle illusion, une interprétation chimérique de la mission de leur cerveau, qualifié d'« ordinateur cérébral », de « grande administration » ? Ces clichés ne perpétuent-t-ils pas une dernière façon de se tromper... aujourd'hui encore, la conscience est désignée par un index pointé sur la tempe.

Comme l'a montré le naturaliste **Darwin**, la physionomie de tous les cérébrés est comparable, faite, comme l'ont démontré les anatomistes, les histologistes, les cytologistes et les généticiens, d'organes comparables, de tissus comparables, de cellules comparables et de chromosomes comparables, et au total d'un équipement comparable... La vie qu'ils vivent n'a donc aucune raison de ne pas être comparable.

Eux-tous forment une vaste communauté, conviée sur terre à vivre et casser la croûte ensemble, chacun avec son équipement particulier, chacun à son niveau, hérité et acquis, chacun avec la donne que lui sert le présent.

La démonstration semblait en bonne voie, malheureusement pour le règne animal, les autorités religieuses ont d'emblée fait barrage, ensuite à l'ère moderne la science a dépassé son but. En descendant dans l'intimité de leur matière, la biologie a violé les cellules, elle est passée à côté de ce que sont ces petits personnages, elle est passée à côté de ce qu'est leur vie, à côté de leur intervention dans la production de la nôtre à nous, animaux « cérébrés » que nous sommes.

Lettre à Lili

Voilà, Lili, je me pose cette question : « En quel honneur plait-il encore tant à tout le monde, médecins, professionnels de la biologie, amateurs ou simples quidam, de penser qu'après fécondation de l'encéphale par une information, il sera le siège d'une gestation de sa décision... à laquelle il donnera naissance... pour qu'une action s'ensuive ? »... Il y a de quoi s'arracher les cheveux.

Matériel et méthode

L'objet de votre observation sera le cérébré de votre choix, mais pas vous qui trainez un wagon de préjugés sur votre propre personne. Et il s'agira, en ne décollant pas d'un iota du simple bon sens dans la compréhension de la biologie cellulaire de base... de suivre une logique plausible, continue, praticable.

Le corps

Un corps est fait de cellules et d'espaces. Les cellules de revêtements ressemblent à de minuscules sacs à provision. Les cellules nerveuses ressemblent à des grains de blé germés, racine d'un côté et tige de l'autre. Les cellules contractiles ressemblent à des micromoteurs d'électrovanne... Les espaces, eux, sont ambiants. Et c'est tout.

La première représentation d'un cérébré à l'aube de son développement rappelle une **galette fourrée à la compote de rhubarbe**... les cellules de revêtements affrontent le dehors où règnent les ambiances, et couvrent le dedans, fait des myocytes et des neurones.

Pour entretenir, malgré la croissance, sa communion avec la nature sans se déchirer comme un drapeau qui flotte au vent, il va se tourner, se contourner, se re contourner, il en profitera pour faire venir sa pitance et son ambiance **en lui**, et se consolider. Finalement **il sera méconnaissable, mais la simplicité rigoureuse de son organisation initiale demeurera**. La compote sera toujours au sein de la pâte et constituera le dedans, et l'ambiance constituera toujours le dehors même lorsqu'elle sera captive, **quelles que soient les apparences embrouillées et trompeuses**... secteur conjonctif qui donne forme, souplesse et solidité à l'ensemble du corps, secteur circulant qui unit chaque endroit du corps à tous les autres, dérivation digestive, soufflet respiratoire, estuaire urinaire, rade génitale....

La belle simplicité du début s'est perdue à jamais. La multiplicité de ses paysages rend maintenant son spectacle insurmontablement déconcertant. Le milieu ambiant s'est fait entraîner dans le mouvement des tissus, mais on le retrouve et il garde sa qualité de milieu ambiant. **Il est le dehors et tout ce qui se tourne vers lui regarde dehors**.

Acteurs cellulaires

«En conditions normales», hors contraintes, maladies ou traumatismes, et bien sûr hors situations expérimentales, toute cellule doit répondre à trois impératifs, premièrement survivre et être digne de vivre, deuxièmement entretenir le matériel qui lui permet l'exercice de sa spécialité et être digne de ses collègues tissulaires, et troisièmement faire son travail quand il lui arrive et être digne de l'organisme auquel elle appartient. **Rien de plus**.

Les **cellules des revêtements** se présentent en nappes, étalées, ou froissées pour former des glandes, elles figurent quelques fois sous forme d'un simple film.

Les **neurones** sont des conducteurs d'influx électrochimiques faits d'un corps paré de deux filaments arborisés... reçus de l'amont de l'arborisation dendritique, les influx sont conduits à l'aval de l'arborisation axonale, et transmis. Les neurones sont des transmetteurs d'influx à sens unique, **synapses obligent**, et n'en sont pas créateurs.

Les **myocytes** sont le point final de la population des neurones, leur appareil exécutant, répondant aux ordres d'une synapse motrice, ils délivrent une traction. La membrane qui les habille est fermement adhérente au tissu de revêtement qui les couvre, ainsi en se contractant ils tirent sur ce revêtement, le mobilisent et au-delà de lui mobilisent l'ambiance régnant dehors.

Et c'est tout, le tour des cellules est fait, il n'en existe pas d'autres... Quel que soit l'impressionnante multiplicité de leurs présentations, elles ne sont que de trois sortes.

Animation d'ensemble

La population des neurones, par la multitude des contacts de leurs arborisations, constituent **un gigantesque réseau**. La population des **myocytes**, anatomiquement et physiologiquement fait suite à la population des neurones à laquelle elle obéit par les synapses motrices. Cette cohésion de ces deux populations cellulaires en fait un **ensemble homogène, logique, et indivisible**.

L'**amont** de tout ce réseau neuro-myocytaire est constitué d'organites récepteurs de deux sortes. Les uns sont calés dans les tissus de revêtement, ils regardent dehors. Les autres sont calés dedans parmi les myocytes, ils dénoncent leurs secousses.

L'**aval** de l'appareil neuro-myocytaire est fait des synapses motrices qui flanquent ces myocytes et commandent leurs contractions, motorisant ainsi les cellules de revêtement qui les couvrent, et à travers celles-là l'ambiance qui règne dehors.

Tous les contours effectués par la galette initiale pendant sa croissance ne changent rien à l'ordre anatomique établi ni à son animation d'ensemble. La vie réside dans ce matériel. L'amont du tissu nerveux reçoit des stimulations de tous les secteurs du dehors où règnent les ambiances, et reçoit des stimulations du dedans où obéissent les myocytes, le réseau neuronal **offre ses routes au mariage des deux flux de signaux** et à sa sortie, les deux ne sont plus qu'un arrivant aux synapses motrices. En aval, les myocytes exécutent...

c'est le comportement

...mobilisant les divers tissus de revêtement et à travers eux tous les secteurs du dehors qui, pendant ce temps, ont continué à vivre et ont déjà pris un temps d'avance...

Entre amont et aval du **système nerveux**, la trame développée est le réseau routier des influx électrochimiques, extraordinairement sophistiqué, son détail demeure indescriptible. Simplement, ainsi que tous les individus de sa fidèle population, d'où sortent les influx par des vésicules synaptiques, il fonctionne en sens unique, **myocytes obligent**. Sa **mission** est de supporter sur sa propre géographie, suivant les règles de sa physiologie et selon son encombrement préalable, le trafic des influx parvenant des récepteurs par rafales incessantes, et d'en restituer aux synapses motrices ce qu'ils sont devenus pour que s'ébranlent les myocytes, que soient mobilisés les revêtements et à travers eux que soit rattrapée l'ambiance.

Le détail du réseau neuronal demeure indescriptible (bis), mais à l'échelle des fractions de secondes qui constituent la vie que nous vivons de nos yeux, sa stabilité est digne de celle d'un **napperon** et n'est pas à l'ordre du jour.

Vocabulaire : les « influx parvenant des récepteurs par rafales incessantes » sont **l'expression de l'actualité...** d'une part venant du dedans où les myocytes exécutent le comportement, **l'expression de l'actualité motrice...** et d'autre part venant du dehors qui bouge sans cesse, **l'expression de l'actualité ambiante.**

« Restituer aux synapses motrices ce que sont devenus les influx... pour que soit rattrapée l'ambiance » sera une **anticipation.**

Le système neuro-myocytaire, par ses récepteurs, est un organe auscultatoire, il reçoit l'expression de l'actualité, expression de l'actualité motrice et expression de l'actualité ambiante. Par sa trame, il supporte le mariage de ces deux expressions et leur conversion en une seule... anticipation qui arrive aux synapses motrices. Par l'exécution des myocytes, il fait passer l'expression de l'actualité dans les actes et par les revêtements qui l'habillent, il la fait passer dans les faits qui s'établissent au contact de l'ambiance. Devant l'ambiance, l'équipement tissulaire est en place, à son entrée **l'expression de l'actualité**, à sa sortie **le reflet moteur de cette expression,** qui s'adresse à ce que déjà l'actualité est devenue. **La vie est là.**

L'expression de l'actualité motrice est l'expression de l'exécution du comportement, elle émane des myocytes. Elle traduit leur obéissance et leur respect d'une anticipation qui a résulté du mariage des expressions de l'actualité d'avant sur la trame neuronale, l'expression de l'actualité motrice d'avant avec l'expression de l'actualité ambiante d'avant... **Elle vient du passé... et arrive au présent.**

L'expression de l'actualité ambiante émane du dehors et traduit l'effet qu'ont l'un sur l'autre, par revêtement interposé, l'ambiance et le comportement : son recto, expression ambiante du comportement, bébé tète sa mère, et son verso, expression comportementale de l'ambiance, le lait coule du mamelon... **Elle reflète le présent... paré pour le futur.**

Mode « hérité » de la vie à ses débuts

Les deux expressions de l'actualité s'engagent dans la trame neuronale, se marient et, arrivées aux synapses motrices, ne sont plus qu'une. **Cette messe** qui se conclut par une anticipation, se fonde sur des données qui se périment de plus en plus jusqu'à l'accomplissement du comportement. S'adressant au futur, **son opportunité devra s'avérer pour qu'un lendemain s'ensuive,** sous peine de sélection naturelle. **Le génie** de permettre des anticipations qui vouent d'emblée avec opportunité tout l'équipage à une suite **est d'abord hérité** avec le système et le niveau d'élaboration de sa carte, il est soumis à la draconienne sélection naturelle dont il est le chef d'œuvre. **Il ne s'exhibe au grand jour qu'au travers des archaïsmes, dits**

automatismes. Et par exemple entre tous, la marche automatique et l'agrippement, si vitaux pour un bébé singe, et si étranges pour un bébé humain.

Le comportement s'exécute. Les tissus de revêtements sont mobilisés et au-delà d'eux l'ambiance est bousculée. Tout se présente différemment. Venant de l'ambiance et venant des myocytes, les expressions sont nouvelles et **c'est reparti pour un tour et parti pour la vie**, à la vitesse de la conduction nerveuse. Avec son ambiance, ses revêtements et son appareil neuro-myocytaire, l'équipage est fonctionnel, il est un organisme, paré pour se comporter, traverser le temps, vivre… et organiser le chaos.

Deux sites sont générateurs d'une expression, les myocytes dedans et l'ambiance dehors. Les myocytes, eux, ne font jamais qu'exécuter des anticipations issues du mariage des expressions de l'actualité d'avant, ils n'engendrent que l'expression d'une réponse au passé. **L'ambiance, elle, a donné naissance à la vie et poursuit sa pression, elle impose son expression.** De ces deux générateurs d'expression, **seule l'ambiance mène la danse,** toute nouveauté n'arrivera toujours que par l'expression de l'ambiance… « en conditions normales », bien sûr.

Un élément de l'ambiance qui s'exprime suffisamment devant les récepteurs sera traduit dans le comportement suivant, qui lui adressera les revêtements selon de nouveaux rapports, impliquant une nouvelle expression de l'élément, suivie d'un autre comportement et ainsi de suite. **Cet élément habitera l'organisme, traversera le temps et existera.**

Cet élément existera et fera exister l'organisme dont il est désormais un acquis. **L'un et l'autre se traduiront dans l'expression de l'actualité ambiante**, avec un recto, l'expression du comportement sur l'élément, et un verso, l'expression de l'élément sur le comportement… effet qu'ont l'un sur l'autre le comportement et l'ambiance… un coup de griffe, et du sang sur la joue.

La poursuite de ces séquences est obligatoire jusqu'à ce que l'âge ou la survenue de « conditions anormales » n'y mettent un terme.

Mode « acquis » de la suite de la vie

Finalement le mariage des deux expressions de l'actualité unit les reflets… d'une part du réglage dernier venu du comportement des myocytes… et d'autre part de son résultat obtenu par revêtements interposés sur l'ambiance, avec ses deux facettes, effet du comportement sur l'ambiance, et effet de l'ambiance sur le comportement. La première est la référence à partir de laquelle le comportement suivant sera ajusté, la seconde traduit l'opportunité de la pression qu'exerce l'un sur l'autre, l'ambiance et le comportement, le tout conduit vers la pertinence et destine à une suite.

A l'entrée de l'ancestral et multimillénaire appareil tissulaire, l'expression de l'ambiance est bien-sûr parfaite mais à sa sortie, le reflet moteur de sa nouveauté est archaïque. Ainsi l'opportunité du comportement est «primitive», et le résultat de son exécution sur l'ambiance n'est pas adapté. Le défaut de compétence du comportement sur l'ambiance participe à la constitution de l'expression suivante, le comportement qui s'ensuit gagne en opportunité, son résultat sur l'ambiance gagne en précision. **Ainsi l'opportunité des comportements archaïques devient pertinence des comportements acquis...** face à un devoir de Mathématiques, lors d'un périple à travers l'écran d'un ordinateur, ou d'une virée sur une moto. On voit aussi des ours faire du vélo, des chats ouvrir les portes, des singes aider les invalides...

Telles sont les relations unissant l'ambiance et l'appareil tissulaire qui, s'ils sont deux, n'existent pas l'un sans l'autre, ne sont finalement qu'un et sont l'organisme. Et c'est globalement à lui que reviendra l'honneur désormais d'avoir atteint la pertinence, ainsi, au deuxième mois de la vie atmosphérique d'un bébé humain, ses archaïsmes disparaissent, sa vie à lui commence.

Pendant toute la vie, sans cesse, l'ambiance présente des nouveautés puis d'autres qui appellent le comportement, le retiennent puis le libèrent. Le comportement se concentre sur l'une d'elles, d'instant en instant et d'ajustement en ajustement la nouveauté se termine et s'éteint, alors le comportement se tourne vers la suivante, c'est la **focalisation**.

L'animal est né, qui flaire, qui dévore et repart.

Randonnée jusqu'au champ de la conscience

Le chronomètre est en marche.

L'expression de l'actualité ambiante, recto et verso, mène la vie de l'organisme... le comportement en renvoie le reflet moteur à l'ambiance... et celle-ci en exprime l'exécution, etc.

L'ambiance présente sans cesse des nouveautés qui l'une après l'autre font trébucher le comportement et deviennent la cible de sa **focalisation**... qui donne lieu à une **expression, recto et verso, particulière de l'actualité ambiante. L'expression de la focalisation de chaque nouveauté correspond très exactement à ce que nous avons sous nos yeux intelligents et que nous nommons « information ».** L'information engage toutes les secondes et les minutes de toute notre vie, elle engendre nos réactions d'être vivant, elle mène notre vie, « celle que nous vivons de nos yeux ».

La vie de « l'expression des focalisations » est très précisément ce qu'à propos de notre propre vie, nous nommons la Conscience, notre Conscience, qui fait de nous ce que nous sommes.

Les éléments de cette information, comme toutes expressions de l'ambiance, arrivent dans le champ des récepteurs d'ambiance. La place qu'ils y prennent est le **« Champ de la Conscience »**.

Stratification des expressions de la focalisation

C'est parti pour un tour et parti pour la vie… de reflets moteurs en expressions ambiantes et d'expressions ambiantes en reflets moteurs, l'expression des focalisations s'étoffe et se stratifie chronologiquement…

Dans cette stratification immatérielle, les informations fraîches et conséquentes donnent à la vie son caractère **conscient**, correspondant exactement à **« ce que nous vivons de nos yeux »**.

Et pour ce qui concerne le reste de la stratification, les informations issue de la déambulation de la focalisation mais ayant perdu leur fraîcheur et leur magnitude, se déclassent, elles se stratifient sur une base initialement héritée et donnent à la vie son caractère **inconscient**. Cette base est constituée des informations issues de vies antérieures, parents, ancêtres et prédécesseurs dans l'évolution. Elle donne à la vie son caractère **automatique, archaïque**. Ainsi un nouveau-né a, entre autres instincts, la notion de sa mère et de ses tétons… Cette base se complète et s'épaissit tout au long de la vie.

En mobilisant les revêtements, la tâche des myocytes est double.

Ils mobilisent la géographie des récepteurs qui y sont éparpillés et les accommodent devant l'ambiance pour en recevoir l'expression, c'est leur comportement informatif… **La vie informative** est faite du bombardement des récepteurs par les énergies ambiantes, elle se déroule **devant la géographie des récepteurs d'ambiance…** recto et verso, un parfum plane, et le nez hume.

Et ils mobilisent le milieu ambiant pour que s'échangent les énergies, c'est leur comportement interventionniste… **La vie interventionniste** est faite des affrontements des revêtements à leurs ambiances, elle se déroule **sur la géographie des revêtements…** la poussée d'Archimède, un corps plongé dans l'eau.

La vie, informative comme interventionniste, se déroule à la frontière unissant l'appareil tissulaire à son environnement, sur la face ambiante des revêtements, au contact de l'ambiance mondiale et de celle de ses dérivations viscérale, au contact de l'architecture conjonctive et du milieu circulant... elle est à la frontière du dehors et se situe autour du système nerveux, **devant, derrière, sur les côtés, dessus et dessous... mais pas dedans.**

Essence de la vie

La vie de l'**être** est commencée, elle est faite de la balade **d'une information à la suivante.** L'évidence s'impose, **l'essence de la vie n'est faite ni de la compétence des cellules ni de leur fantaisie.** Bien qu'étant impliquées dans la vie de l'être qui est leur propriétaire, elles n'y jouent constitutionnellement aucun rôle, les neurones pas plus que les autres cellules. **« L'être est conscience ». Bonjour hiatus**... de la chair à l'esprit...

Le tout, la conscience ainsi que son inconscient, base héritée des ancêtres et de l'évolution, et néostrates provenant de la décantation du conscient, constitue un phénomène de surface, **« à fleur de peau »**, et à fleur de toutes les surfaces... affrontant les espaces viscéraux, les espaces conjonctifs, les espaces circulant. Ainsi peut-on comprendre qu'un rien survenant dans l'ambiance puisse mettre le feu au comportement.

L'expression ambiante du comportement est le recto de l'information, l'expression comportementale de l'ambiance en est son verso, l'un et l'autre sont l'information. De même, la conscience est le recto de la vie, le comportement en est le verso, l'un et l'autre sont la vie. La conscience est la face intime et secrète de la vie, elle est traduite massivement dans le comportement qui en est la face motrice et publique.

Esserologie... un néologisme pour trois remarques

La conscience, la grande, la vraie, la belle, l'unique, est l'ensemble des expressions ambiantes passant dans le comportement, face à une nouveauté, situation d'un instant, d'une époque ou d'une vie... un coup de frein et un coup de volant. Ou, corollaire, l'ensemble des expressions comportementales que porte l'ambiance dans cet événement... des traces de pneus et la position de la voiture.

La **boucle** qui part de l'ambiance, passe par les récepteurs, va à la trame neuronale par les nerfs sensitifs et en sort par les nerfs moteurs, atteint les synapses motrices et les myocytes, puis revient par les revêtements à l'ambiance, pourrait se nommer par dérision "trajet de la **réaction psychologique**".

Tout est conçu en nous pour vivre, rien ne l'est pour mourir. La mort est toujours un drame. Du moindre comportement élémentaire à l'investissement total de sa vie dans un combat pour sa propre sauvegarde, ici-bas, il s'agit de vivre et de ne pas mourir. Tous nos comportements nous destinent à une suite, aucun n'est livré au hasard.

Conversion de la vie physique à l'immatérialité

L'acquisition des horizons ambiants d'un être se fait lors des balades de la focalisation de son comportement d'une nouveauté à une autre.

Tous les récepteurs reçoivent des expressions de leur horizon ambiant particulier... qui passent dans le comportement... et celui-là finalement en retourne un reflet moteur global à l'ambiance... l'ambiance porte le résultat de ce reflet moteur global et l'exprime... et c'est reparti pour un tour...

... de même, les nouveautés survenant dans les divers horizons ambiants font trébucher le comportement, captent **sa focalisation** et déclenchent **l'information**, et c'est parti pour la vie...

Ceci s'applique au secteur conjonctif et à l'information locomotrice, au secteur circulant et à l'information chimique, aux secteurs viscéraux et à l'information domestique, au secteur périphérique, dit « mondial », et à l'information stratégique, à tous les secteurs et à la veille thermo-algésique, aux zones ambiantes de nos propres revêtements et à la rencontre de nous-mêmes.

Toute **activité informative**, regarder, écouter, etc., toute **activité interventionniste**, agir, parler, etc., ou toute **passivité informative**, voir, entendre, etc., toute **passivité interventionniste**, subir, recevoir, etc., tout ce qui est imaginable, tout ce que vous imaginez et tout ce que tout le monde imagine, ne passera dans les faits qu'en intervenant dans le va-et-vient « expression de l'actualité ambiante - reflet moteur de cette expression », et ce seront la cognition puis l'apprentissage, la rétention, sans exception, même pas celle qui confirme la règle. **Et finalement, c'est l'être et non son cerveau qui a de fabuleuses facultés d'adaptation aux situations les plus difficiles.**

Navigation dans la vie mentale

L'**activité utile** s'adresse à l'actualité avec un résultat perfectible.

Les facultés sont **la praxie, la mnésie et l'intellection**

Chaque instant de la vie associe ces trois aspects de la réponse aux nécessités. N'est-il pas arrivé à chacun, qui met un pied devant l'autre pour avancer, de marmonner sa liste de commissions en comptant ses sous ?

Si l'affrontement à l'actualité est le versant « utile » de l'activité d'un être, le travail de sa réalité en est la « pratique », le travail de son absence en est la « mémoire » et le travail de son abstraction en est l'« intelligence ».

L'**activité parasite** répond à l'actualité de façon injustifiable.

L'éveil de vieilles strates du curriculum accorde étonnamment l'actualité aux trois temps de la conjugaison, **passé, présent, futur**. Le comportement empreint des expressions d'un vécu enterré, répond maintenant à l'actualité comme il le fit jadis… mais à cette heure en toute incohérence.

La conjugaison des temps

Chaque séquence de la vie se déroule sous le feu de l'action, informative puis interventionniste, et débouche sur la séquence suivante qui est sa sanction, son point final mais aussi son futur.

Jaillissement des dispositions au long d'un épisode :

	Evénement	Actualité	Imminence	Attente
Abord	caressant ou cruel	plaisir ou douleur	quiétude ou peur	paix ou anxiété
Parcours	aisé ou contraignant	fraicheur ou fatigue	vigueur ou lassitude	liberté ou impotence
Fin	généreuse ou ingrate	satisfaction ou déception	enthousiasme ou résignation	élan ou indifférence

Le comportement entretient le champ de la conscience où **aucune expression ne s'éteint vraiment**, ainsi sans magie ni administration occulte, après des années d'interruption, celui qui a su nager, faire du vélo, lire, compter, fumer, aimer, avoir du chagrin ou haïr, n'aura aucun problème pour s'y remettre.

Sur le même mode et sans miracle, en assistant à un mariage heureux, les bonnes **dispositions** que l'on pouvait attendre de chacun ne sont pas au rendez-vous, il y a autant d'électricité dans l'air que de ténèbres dans les regards. Contrairement à l'enterrement de la semaine dernière où nous ne pouvions nous empêcher de rire.

Passage de vie à trépas

Notre monde a fait naître les êtres et il continue de les entourer. L'appareil tissulaire des êtres, par les myocytes qui l'arment et les chairs qui l'habillent, lui renvoie le reflet moteur de l'information qu'il a reçu de lui par ses récepteurs, et tout le monde est content.

La vie d'un être, finalement, est ce qu'obtient de bien son ambiance de son appareil tissulaire. La mort survient quand l'ambiance ne parvient plus à rien tirer de valable des tissus. Cette extrémité est l'objet favori de la crédulité épouvantée des hommes… qui préfèrent se fourvoyer dans l'achat d'une immortalité quelconque.

Conclusion

L'Unité, c'est cela, c'est l'Unité des Êtres de l'Evolution, c'est l'Unité de leur Consistance, matérielle et immatérielle, et c'est l'Unité de leur Vie avec ses deux facettes, la Conscience, le Comportement.

... et DEVELOPPEMENT

INTRODUCTION

Descartes (1596-1650) fut le premier à décrire la lumière indépendamment du phénomène de la vue. Il a dit les lois régissant le trajet d'un rayon passant d'un milieu transparent à un autre, il est l'inventeur de l'optique. Il a fait sortir de l'empirisme le montage des microscopes, et chez ses amis tailleurs de diamant d'Anvers, il a initié leur construction scientifique (1607). Grâce au père de la logique moderne, le XVIIème siècle fut celui de la précision en salle de dissection, pour découvrir au rasoir de barbier les entrailles de cadavres installés sur des paillasses et faire la description minutieuse de leur anatomie.

La discrétion sur ces travaux était de rigueur, d'autant qu'aucun stigmate d'une âme quelconque n'était retrouvé et que par ailleurs les autorités religieuses lançaient chez les promoteurs de l'héliocentrisme une vague de condamnations pour éréthisme (années 1616). Galilée avait fabriqué à Murano, sur les plans de Descartes, une lunette astronomique qui lui avait permis de découvrir Jupiter et ses quatre gros satellites, et lui avait permis de mettre le géocentrisme de côté pour rejoindre Copernic. Pour avoir mis ainsi la Terre, le Soleil, le Paradis et les Enfers sens dessus-dessous, il fut gratifié à vie d'une assignation à résidence. Toute son œuvre fut brûlée en place publique.

Dans cette tourmente, tous travaux officiels furent suspendus et la production de la **vie** que vivent les êtres est revenue simplement à leur cerveau, organe massif trônant par-dessus les chairs et envoyant partout dans le corps ses ramifications.

Aujourd'hui encore s'opposent cordialement les termes... la tête et les jambes, le mental et le physique, le psychisme et l'organisme. Et sont toujours en grâce nombre d'expressions qui ont martelé notre jeunesse, telles que « Enfoncez-vous bien ça dans le crâne, cervelle d'oiseau, faites travailler vos méninges, il vaut mieux une tête bien faite qu'une tête bien pleine », ou, le poing heurtant le front « Il faut que tu te sortes cette histoire de là ».

En matière de vie, nous parlons bien-sûr ici de celle que nous vivons de nos yeux, fractions de secondes après fractions de secondes constituant nos instants, et non de celle de l'un ou l'autre de nos organes.

Cette compréhension bipolaire des êtres, très généralement admise, où le cerveau pensant gouverne le corps, alors que le corps obéissant agit, et où les deux sont intimement liés, constitue notre problème.

En fait, si l'apparence de la vie montre une « union de ses deux pôles », nul ne sait à ce jour comment elle s'opère, pas plus que l'on ne sait comment le cerveau, parcouru par des idées, assume son administration. Pourtant ces phénomènes s'étalent sous les yeux avides des chercheurs depuis des centaines d'années.

Une authentique « unité de la vie » est à imaginer, éclairant en même temps l'union de ses deux pôles et le fonctionnement cérébral.

REQUIEM

Les engrammes, hypothétiques traces laissées dans les cellules nerveuses par tout événement vécu, n'ont jamais été retrouvés, malgré l'intervention de la microscopie électronique. La production de la pensée demeure une énigme absolue, le passage des phénomènes mentaux aux phénomènes physiques est totalement obscur.

L'observation des circonvolutions cérébrales n'a à ce jour pas permis de leur prêter la moindre logique secrète, ou clandestine, ou en tout cas suffisamment discrète pour expliquer qu'elle ait pu jusqu'alors échapper non seulement à toute observation mais aussi au moindre témoignage...

Plus encore, l'arrivée des techniques ultra-modernes d'imagerie qui détectent tout ce qui chauffe, et en donnent une représentation qui vire du bleu au rouge, a tué le fol espoir d'enfin prendre en flagrant délit de travail les hypothétiques « ateliers corticaux » suggérés il y a quatre cents ans par Descartes, de les identifier et d'examiner ce qu'ils sont en train de fabriquer, avec l'arrière-pensée de retrouver en ceux des criminels leur préméditation.

Ces techniques pleines de promesses n'ont laissé que la confirmation de ce qui était à redouter à propos de la traduction cérébrale des événements, l'illisibilité totale de leur spécificité. Ainsi, d'un sentiment particulier, d'un souvenir insolite ou d'une action précise, rien n'apparaîtra dans la matière grise qui puisse permettre de le reconnaître, de l'identifier, de le nommer.

Considérant les exploits des méthodes hypersophistiquées d'exploration du corps et leur faillite totale dans l'aide à la compréhension de la vie, peut-être aurait-il été sage d'admettre une fois pour toutes que ce mystère soit attaché à notre entendement comme nous admettons que la mort soit attachée à la vie.

Nous nous y refusons et nous attendrons patiemment la venue d'une logique compréhensible, praticable sans discontinuité, plausible.

Ce qui aura tardé interminablement puisque les fameux carnets de Descartes, « *Cogitationes Privatae* », découverts à Stockholm lors de l'inventaire fait après sa mort, puis perdus ainsi que les copies qui en ont été faites, n'ont jamais refait surface et n'ont pas pu nous aider.

LEGITIMITE POUR UN QUIDAM SAPIENS D'ENTREPRENDRE UN QUESTIONNEMENT SITUE HABITUELLEMENT SUR LES PLATES-BANDES DU CNRS

Le plan des lieux est celui de l'univers, il se mesure en années-lumière, distance que parcourt la lumière en un an soit :

3600 secondes x 24 heures x 365 jours x 300 000 km/seconde

= 9 461 000 000 000 km.

soit dix mille milliards de km

De plus il se mesure en milliards d'années, donc aussi en milliards d'années-lumière.

L'univers visible est limité. A sa périphérie est un mur au-delà duquel la lumière des mastodontes qui s'échappent loin du Big Bang ne nous revient plus. Au-delà de lui semblent régner les ténèbres.

La Terre est une boule de 12 700 km de diamètre.

La Lune est une boule de 3 472 km de diamètre, elle est à 384 400 km de distance de nous, sa lumière nous parvient en 1s et 28 centièmes.

Le Soleil est une boule de 1 400 000 km de diamètre, il se situe à 149 500 000 km de nous, sa lumière nous parvient en 8 mn 18 s.

A l'échelle 1 mm / 10 000 km :

la Terre	la Lune	
1,27 mm	0,34 mm	**le Soleil est un petit melon**
°	.	**situé à 15 mètres de cette page.**

<== 38,44 mm ==>

Le gigantesque vide qui sépare la minuscule planète bleue de son petit astre vénéré décontenance un peu.

Notre Soleil, avec son système planétaire, est l'une des étoiles nées parmi une nuée d'autres constituant la Voie Lactée, notre galaxie... qui, elle, n'est qu'un rond de fumée parmi une infinité d'autres.

Tel est l'univers dans lequel nous sommes plantés, isolés et peut-être tout seuls. Malheureusement, la brièveté ridicule de notre vie et l'immensité obscure dans laquelle l'humble système solaire se trouve en suspension, sont tragiquement disproportionnés et nous ne pourrons probablement jamais en savoir beaucoup plus de notre étoile voisine, Proxima Centauri, distante de 4.2 AL.

Le Big Bang date de 15 milliards d'années.

Dans le film « Les Visiteurs », Christian Clavier, se retrouvant au XIIème siècle en train de courir dans la gadoue à côté de Jean Reno à cheval, hurle « C'est quoi ce binz ? ».

Les premiers balbutiements de la vie sur Terre remontent probablement à 4,5 milliards d'années, période nommée « l'aurore de pierre » au cours de laquelle les planètes s'individualisaient dans le système solaire naissant. Un « quelque chose », une molécule minérale complexe a réussi, nul ne sait pourquoi, à se constituer, à se reproduire sous le soleil, et à engendrer une suite organique.

Les premiers êtres cellulaires sont venus dans la « soupe » d'alors, on ne sait précisément quand ni comment, les résultats de leur recherche dans les glaces polaires sont attendus. Des microfossiles d'algues et de bactéries photosynthétiques furent datés de 3,5 milliards d'années, or ils avaient des prédécesseurs. La préhistoire de la vie puis son histoire étaient en marche.

Les dinosaures sont apparus il y a 230 millions d'années et ont disparus depuis 65 millions d'années

Lucy, Australopithèque dont le squelette a été découvert en 1974 par Yves Coppens en Ethiopie, a vécu il y a 3 200 000 ans. Elle n'est pas exactement un ancêtre directe du genre Homo, mais elle est tout de même de notre famille à nous, qui descendons du singe. Elle fut nommée ainsi par ses découvreurs relativement à cette chanson des Beatles qu'ils entendaient chaque soir, Lucy in the Sky with Diamonds (LSD... qui fut censurée en Grande-Bretagne).

L'homme de Neandertal, du nom de la petite vallée allemande où fut découverte une grotte contenant ses ossements, a vécu entre 250 000 et 25 000 ans avant nous. L'Homo sapiens-sapiens qui, lui, a engendré l'Humanité est apparu en Afrique il y a 200 000 ans. L'abri-sous-roche de Cro-Magnon fut occupé il y a 32 000 ans, la grotte de Lascaux fut occupée il y a 16 000 ans.

Dans la période moderne, les premières lentilles de verre furent fabriquées entre le Tibre et l'Euphrate par les Irakiens 700 ans avant Jésus-Christ. Au XVIIème siècle de notre ère, René Descartes a su associer ces lentilles pour obtenir le grossissement du très petit et le rapprochement du très lointain.

Le « Je pense donc je suis » de Descartes date de 1625.

L'évolution de la vie est née en même temps que la Terre, au beau milieu de l'infini et en pleine éternité. L'Ontologie, science de « l'être par où il est être », divague au rythme des courants philosophiques, aujourd'hui elle n'aide en rien à se libérer de ce questionnement : « qu'est-ce que vivre, par quel phénomène la vie s'impose-t-elle, de quoi est-elle faite ? ». Actuellement moi aussi je crie « C'est quoi ce binz ? ».

Dans quelques années je serai mort, les siestes et la contemplation du vert des aiguilles de pin posé sur le bleu du ciel d'Azur s'arrêteront, plus rien ne sera fondamental, ni le règne animal, ni l'humanité, le crématorium volatilisera ma volonté de remonter à la source. En attendant, rien ne me freinera, même pas le ridicule.

LETTRE A LINDA

Mon cœur,

Je veux te dire le dilemme qui me rongeait lorsque je m'isolais interminablement dans mon bureau, cloîtré bien à l'abri de toute perturbation nuisible à ma concentration et au libre-cours de ma pensée. Je me sentais aussi malheureux que mauvais père de me mettre à l'écart de toi qui grandissait et qui avait envie de vivre. Mais j'étais asservi au besoin de comprendre ce que « mécaniquement » nous sommes, nous, êtres vivants. Mea culpa. **Je te livre ici le résultat de mes élucubrations.** Mon travail fut d'abord une punition pour avoir mis le doigt dans cette folie, il devint ensuite ma mission ici-bas, il est maintenant mon péché d'orgueil… descriptible, transmissible et reproductible.

D'abord le mot « cérébré » désigne ici une classe de l'arbre phylogénétique restant sans dénomination, celle des animaux dotés d'un cerveau.

D'une part l'efficacité de la décollation pour arrêter la vie et celle d'un coup sur la tête pour priver de la conscience, et d'autre part la présentation particulièrement imposante et stratégique du cerveau, furent des arguments suffisamment évidents et convaincants pour instituer ce dernier dans son rôle d'orchestrateur de la vie de son propriétaire, mais une question posée à son propos en soulève toujours des dizaines d'autres…

La biologie d'aujourd'hui est descendue très profondément dans l'intimité des structures et des cellules composant les êtres vivants des deux règnes. Les animaux et parmi eux spécialement les cérébrés dont nous sommes, nous, humains, ont été disséqués de toutes les façons imaginables et étudiés sous tous les angles. Malgré tout, la production de la vie que nous vivons demeure totalement mystérieuse.

La recherche ayant conduit en laboratoire à planter des électrodes sur l'encéphale de singes trépanés a permis d'établir la carte des zones plus spécialement impliquées que d'autres dans certaines manifestations de la vie, telles que la motricité, le geste... ou la sensibilité, la vue... Mais la logique tant espérée, qui aurait définitivement fait régner la matière grise sur les autres tissus, autant que les idées préconçues des biologistes sur celles de leurs partenaires scientifiques, ne fut pas au rendez-vous.

Ensuite et depuis quatre siècles, les gens sont soumis à l'idée d'un cerveau qui recèle notre vie, qui vit notre vie, enregistre notre vécu, prend nos décisions, gère nos sentiments, nos états d'âme... Acceptes-tu facilement que la vie qui te colle à la peau, te fait tambouriner la poitrine et te tortille le ventre, soit logée dans ton crâne et non dans tout ton corps jusqu'au bout de tes doigts ? Admets-tu de n'être qu'un *homonculus* sis dans ton encéphale, comme cela était présenté dans le dessin animé « Goldorak », robot géant piloté par un être intelligent installé dans un cockpit disposé derrière ses yeux ?

La belle évidence d'une union de la chair et de l'âme n'est-elle pas qu'une belle illusion, la dernière façon de se tromper entretenue par une interprétation chimérique de la mission du cerveau?

En une période où le clergé dictait totalitairement sa façon de penser, il attribuait d'abord à l'homme une consistance matérielle, une dépouille mortelle qui retourne à la poussière, l'homme devait être vu comme un animal fait de viande et d'os, mené par ses instincts et ses automatismes. Ensuite il lui attribuait sa consistance immatérielle, un éther impalpable, son esprit détenteur de la raison, à vocation terrestre et temporelle, et une doublure atmosphérique, son âme détentrice des sentiments, se résumant à l'amour de Dieu, à destinée céleste et éternelle... Les contradicteurs faisant chuter l'audience à l'Eglise étaient persécutés, n'oublions pas que le marché d'un destin post-mortem était juteux. Les débuts de la dissection se sont faits dans la crainte de la répression, obligeant les scientifiques aux compromis intellectuels pour n'être pas accusés d'éréthisme. Ce fut le cas de Descartes qui dut, pour n'être pas poursuivi par les curés et incarcéré, s'enfuir à travers l'Europe du nord, modifier ses écrits, additionnant une âme à l'anatomie humaine, couloir atmosphérique reliant l'épiphyse au ciel... Son périple passa par La Haye, Amsterdam,

Copenhague, Stockholm, et à son retour à Paris via Francfort tout était dans un ordre admissible, l'intellect, la raison, résidait dans le crâne, et l'affect, les sentiments, résidait dans le couloir céleste de l'épiphyse... L'affect n'intègrera l'encéphale que plus tard à l'époque romantique.

NB : Darwin (1809-1882) attendra sa vieillesse pour étendre sa théorie de « l'évolution par voie de sélection naturelle » à l'homme, tant il craignait d'être condamné par le Pape et poursuivi par le clergé, comme c'était arrivé à certains de ses collègues naturalistes qui en étaient au même point que lui sur le même sujet. Aujourd'hui, il ne reste de cette époque malveillante que l'animosité des créationnistes dans les conversations de salon, opposant à cette théorie, l'histoire du « chaînon manquant ».

Enfin, depuis que l'homme est sapiens, il donne un rôle plus qu'important à la tête dans la production de la vie. De la vue au geste, de l'ouïe à la parole... il y a une fraction de seconde et une boîte noire, la cervelle... ainsi sont nées ces expressions extravagantes qualifiant le « chef »... orchestre de la vie, grande administration, ordinateur cérébral.

Avec la bénédiction des autorités religieuses, Descartes offrit une interprétation **conciliante** en pâture au public. Le problème est que, étant le principal représentant de la pensée bien-pensante en ce domaine, il ne fut jamais contredit et finalement ses écrits traversèrent les siècles. Très malheureusement pour la logique et pour nous, cette version d'un Descartes « contrôlé » n'avait que le droit de concerner le spectacle de dépouilles désertées depuis longtemps par la vie autant que par son âme douteuse. Sa notoriété aura permis la venue jusqu'à nous d'une idée qui ne convenait qu'aux curés, **dans laquelle le cerveau gouverne le corps**. Et aujourd'hui encore, la conscience est désignée par un index pointé sur la tempe.

Le dogme selon lequel « l'oreille entend et le cerveau comprend » aura la vie dure. C'est le dualisme, la musique dans la tête et le rythme dans la peau. Tout sera prêté au cerveau pour qu'il vive notre vie, facultés d'analyse, d'intégration, de stockage, de sélection, de rappel, de comparaison, de synthèse... Lui seront aussi attribués par des physiologistes modernes et pleins d'imagination des **« neurones à activité spontanée »**, sorte de pacemaker relançant son activité éventuellement fléchissante, éléments probablement aussi faciles à détecter qu'un fétu de paille qui brûle dans une botte en feu. Et même lui sera accordée sous le vocable **« plasticité »**, une aptitude à répondre à la vie qui presse et à ses vicissitudes selon la formule « la fonction crée l'organe », en prenant l'initiative de remodeler ses propres circuits, pour mieux les adapter ou les réadapter *(non pas pour suivre la multimillénaire* *évolution mais pour réagir à l'actualité qui s'impose, à l'image des biceps qui prennent du volume et des paumes de mains qui font des callosités pour s'adapter au maniement de la pioche).* Bref, lui sera attribuée en quelque sorte une véritable autonomie.

Alors que Descartes ne se situait qu'à quelques années de l'utilisation du mot « cellule » par Hooke en 1667, alors que ses microscopes permettaient aisément de distinguer ces « unités de constructions », tout autant que les bactéries ou les protozoaires, dont la taille est à l'échelle des dizaines de microns... les notions d'influx nerveux, de conduction et de transmission synaptique de l'influx d'un neurone au suivant par un médiateur chimique, étaient à ce moment-là déjà dans l'air et pressenties. Son dessin d'un cerveau était parsemé d'ateliers occupés par des groupes de lutins au travail, la perte de ses derniers carnets en a probablement emporté l'interprétation.

Au total, Lili ma Tigresse adorée, notre époque va gravement crescendo à l'encontre des réalités de la cytologie, je râle. La science a dépassé son but, elle a violé les cellules, elle est passée à côté de ce que sont ces petits personnages, elle est passée à côté de ce qu'est leur vie, et de leur intervention dans la production de la nôtre à nous, animaux que nous sommes.

Je suis révolté. Il ne faut surtout pas espérer qu'un beau jour on trouve **une bibliothèque dans le cerveau** d'un animal, même humain, avec son double système de classement, à court et à long terme, rien, ni la moindre trace de cette supposée base de données, quelle que soit sa forme, ni rien pour faire le tri, rien pour sélectionner, rien pour traduire, comparer, penser, comprendre, décider... rien ne sera découvert sauf un simple, déjà connu et observé trafic d'influx, simple bien qu'indescriptiblement compliqué. Imagerie médicale ultramoderne ou pas, aucune trouvaille dans le cerveau n'est à attendre qui soit susceptible d'être un support quelconque à la conscience ou à l'inconscient, et encore moins le support plausible de toutes les fables que nous racontent avec le plus grand sérieux les héritiers de Descartes. Le cerveau administrateur est un véritable gag, une utopie, la honte du troisième millénaire naissant.

Il ne faut pas non plus imaginer que les **clefs de la pertinence** du système nerveux soient ailleurs qu'en le simple réseau qu'il constitue sans magie et qu'il offre au harcèlement incessant de l'information. Ce réseau a permis aux parents de survivre et d'avoir une descendance en ce monde bienveillant, chacun en a hérité, tout le monde a le même mais chacun a le sien bien spécifique... ainsi que tout le monde a les mêmes empreintes digitales, mais chacun a les siennes bien spécifiques.

Les clefs de la pertinence ne sont en aucun cas à imaginer comme une capacité du cerveau à « adapter » ses réponses à l'actualité. Qu'il soit envisagé comme un organe, un ensemble de centres et de circuits, ou une population de neurones, lui prêter une aptitude à un « travail scient de l'information » est une hypothèse sans fondement et d'une fantaisie qui méprise la biologie, atteint la fiction et le ridicule. Par contre le système nerveux n'est pas isolé... habillé de ses chairs, baigné dans une ambiance et porté par le temps, il constituera la pièce maitresse de tout individu, qui, lui, sera doué de pertinence.

La vie envisagée comme une activité cérébrale est une imbécillité totale, la vie d'un individu ne peut être qu'une incessante mise à l'épreuve de la compatibilité de ses réponses avec une suite, de ses réponses à lui et non de celles de son merveilleux cerveau... Sans hasard puisque le monde et les êtres dont il a permis la naissance s'entendent depuis des centaines de milliers d'années, et l'échange continue.

Si les bons **neurones à activité spontanée** qui entretiennent une flamme dans la tête sont une simple ineptie de biologiste en mal d'un brin de justification à l'incohérence de ses observations, il en existe vraiment de mauvais. La défaillance de leur résistance à l'activité spontanée provoque alors une **épilepsie** dont les neurologues décrivent toutes les sortes, motrices ou sensitives, totales ou partielles, selon la localisation du neurone surexcité, proche des entrées du système nerveux ou proche des sorties, plutôt dans le registre interventionniste ou plutôt dans le registre informatif. Le bon neurone à activité spontanée est l'OVNI du neurobiologiste.

Quant à la **plasticité** du tissu neuronal, elle est en date la dernière trouvaille des chercheurs. Elle veut faire penser, dans le cadre de suites d'accidents, que si l'adaptation d'un être à sa blessure et sa réadaptation à une nouvelle vie se réalisent, ce n'est pas que par ses efforts, son temps passé et sa remise en apprentissage, c'est aussi grâce au remodelage de son système nerveux. Cette nouvelle aptitude consiste pour le cerveau à atteler ses neurones à la tâche de leur faire établir des connexions propices au cas de son propriétaire... et ses neurones s'y attelleraient. Comme les racines vont chercher l'eau pour que murissent les fruits, les néo-circuits du cerveau-ordinateur, entré dans sa version autoréparable, se mettraient en place pour soulager l'utilisateur de la perte d'une faculté, et pourquoi pas, d'un bras amputé et de son gosse tué. La dignité des neurones qui vivent leur vie est promue à celle de répondre aux soucis de leur propriétaire, un accident de voiture dans lequel il a laissé une circonvolution, un membre et un enfant. Cette pure supposition est une impossibilité constitutionnelle sur laquelle le blessé ne devra pas compter, lui seul se fera à sa nouvelle situation non cicatrisable.

Bien sûr, jeune fille, je t'ai souvent vu jouer à la balle avec ton chien. Vous vous observez tous deux immobiles, vous attendez et tout d'un coup vous démarrez exactement ensemble. Vous bougez, l'un se comporte en partenaire de l'autre. Dans ce jeu, Kham ne semble pas manquer de raison, en tout cas il est rapide. Equipés tous deux d'une tête chevauchant un corps, vous manifestez le même comportement. Probablement êtes-vous à ce moment dans le même état de conscience. Vous faites votre numéro tous les jours.

D'une part il montre le grand luxe de précision nécessaire au comportement pour s'adresser à la nuée des paramètres de la situation et l'embrasser en un engagement total. En une fraction de seconde, chacun répond à l'autre avec une extraordinaire opportunité. Finalement, il fait douter de ce que le comportement, rendant si instantanément à la situation ce qu'elle mérite, ait matériellement le temps de se constituer par la synthèse scabreuse de milliers d'opérations encéphaliques.

D'autre part il permet d'affirmer, contrairement au discours habituel qui dépasse l'entendement à l'heure d'une rencontre avec l'univers, qu'il ne faut pas en rester à cette illusion que nos amis les animaux sont dénués de vie mentale. Ils possèdent comme tout le monde des facultés d'apprentissage, des souvenirs, une réflexion, des sentiments et des émotions, et nous communiquent leur exubérance ou leur tristesse. Car sur une physionomie comparable, comme l'a montré le naturaliste **Darwin**, faite, comme l'ont montré les anatomistes, les histologistes, les cytologistes et les généticiens, d'organes comparables, de tissus comparables, de cellules comparables et de chromosomes comparables, leur équipement est comparable, et la vie qu'ils vivent est finalement comparable.

Ceci faisant d'eux-tous une vaste communauté conviée à vivre ensemble, chacun avec son équipement, chacun à son niveau hérité et acquis, chacun avec la donne que lui sert le présent, c'est le règne animal.

Bien sûr, je prendrai mille exemples pour essayer de changer le regard des hommes sur autrui, humains ou animaux, abolir toutes les sortes de ségrégations et faire naître un autre respect mutuel.

Voilà, Lili, j'ai passé trente ans sur ce sujet, aujourd'hui je m'étonne que personne avant moi n'ait essayé de prendre la relève de Descartes, et je me pose cette question : « En quel honneur plait-il encore tant à tout le monde d'imaginer qu'après fécondation de l'encéphale par une information, ce noble organe soit le siège d'une gestation de sa décision… à laquelle il donnera naissance… pour qu'une action s'ensuive ? »… Avoue qu'il y a de quoi s'arracher les cheveux.

MATERIEL

L'objet de votre observation sera le cérébré de votre choix, un poisson rouge ou une tortue, un canari ou un éléphant, un chat ou un chien, un bonobo ou un petit d'homme, un pensionnaire du zoo, l'ours du cirque installé sur la place… votre partenaire. Mais pas vous qui trainez un wagon de préjugés sur votre propre personne.

OUTILS

En l'absence des derniers carnets de Descartes… papier, crayon, humilité, respect.

METHODE

Elle ne consistera qu'à ne pas décoller d'un iota du simple bon sens dans la compréhension de la biologie cellulaire de base, acquise, par exemple, en CPEM (1ère et 2ème années préparatoires aux études médicales), mais aussi quelques fois acquise avant le Bac.

Première partie

Le Corps:

ses Revêtements,

son Milieu Ambiant dehors

et

son Tissu Neuro-Myocytaire dedans

PRESENTATION

Avant tout, il s'impose de pouvoir, non pas d'un coup d'œil mais d'un coup de pensée, retrouver clairement l'ensemble de la constitution du cérébré choisi pour y réfléchir sans délai, dans le confort et à loisir. Un point résumé, facile mais suffisamment rigoureux, est à faire sur l'organisation générale du corps des êtres.

Un corps est fait de cellules et d'espaces. L'étude des cellules se nomme la **Cytologie**. Une cellule est la plus petite et dernière division possible d'un corps, division dont on peut dire qu'elle est vivante parce qu'elle a tout ce qu'il faut pour l'être, en dessous d'elle la vie n'est pas. L'organisme de tous les êtres est, pour une bonne partie, fait de ces petits personnages qui se comptent par milliards chez les cérébrés. La taille d'une cellule tourne autour de 30 microns et va de 10 à 100 microns (100 microns valent un dixième de millimètre, c'est la taille d'un ovule, ce point-là . qui est à la limite du pouvoir séparateur de l'œil humain si le contraste est suffisant), les globules rouges ont une forme de disque, les globules blancs ressemblent à de vieux chewing gums, les cellules du foie ont une belle forme d'alvéole en cire d'abeilles... les cellules nerveuses ressemblent à un grain de blé germé, les cellules musculaires sont en fuseaux, lames ou tubes... Et les espaces, eux, sont ambiants.

Un tissu est un ensemble de cellules de même nature, unies par une trame ou libres mais liées par leur origine ou leur mission. L'étude des tissus se nomme l'**Histologie**. Le corps de chaque cérébré est fait de très nombreux tissus mais ils ne seront en définitive que de trois sortes : premièrement l'ensemble de tous les tissus de revêtement qui affrontent autant d'espaces ambiants, deuxièmement le tissu nerveux et troisièmement le tissu contractile.

L'étude de l'organisation des structures du corps, tissus et espaces ambiants, est l'**Anatomie**.

L'étude des phénomènes qui règnent sur les cellules, les tissus, l'anatomie et ses espaces ambiants est la **Physiologie**. La vie marie tout l'ensemble indissolublement.

L'**Embryologie** est l'étude de la croissance plastique du corps qui se constitue à partir de sa création.

La « théorie de l'évolution » fut établie par Darwin, d'une part à partir des fossiles enfouis sous des centaines de milliers d'années et d'autre part à partir des êtres actuellement vivant sur terre. Elle montre la progression anatomique, et les dissidences qui aboutissent au fameux arbre phylogénétique. Cette théorie est providentiellement confirmée par l'embryologie. Il est en effet notable que chaque être avant de naître refait en accéléré tout le trajet parcouru par l'évolution depuis son origine jusqu'à la création de son espèce. La description de cette épopée commence donc par une étape commune à toutes les espèces quelles qu'elles soient.

AGENCEMENT DU CORPS

Le prélude à la vie d'un être est le mariage des gamètes de ses parents, toujours, partout, obligatoirement sur Terre. L'ovule est fécondé par un spermatozoïde. Les deux ne font plus qu'un et cette fertilisation de l'un par l'autre libère leur vocation à engendrer un individu.

Un cérébré à ses débuts n'est fait que de quelques cellules agglutinées qui se multiplient.

Cet équipage baigne dans un espace paradisiaque, il est entretenu dans des conditions totalement idéales et parfaitement généreuses, sous peine de mort.

Il est nourri par simple imbibition et comble ses besoins ainsi. Pour que sa destinée se poursuive sur ce mode, d'une part il devra préserver sa minceur, sa croissance ne fera donc que l'étaler en surface. D'autre part il devra s'offrir aux échanges avec son ambiance, donc s'y mouvoir et surtout s'y diriger, nouvelles tâches qui supposent des cellules qu'elles se distribuent les rôles, se différencient… et assument leur mission sous peine de sélection naturelle.

La première représentation d'un cérébré à l'aube de son développement rappelle une **galette fourrée à la compote de rhubarbe**. En périphérie, la pâte est son tissu de revêtement, elle affronte l'ambiance régnant dehors et enveloppe le dedans fait de fibres et de chair de rhubarbe. Les fibres sont le tissu nerveux, fait de «neurones», et la chair est le tissu contractile, fait de «myocytes»… Neurones et myocytes constituent la motorisation de la galette.

Très vite, cette belle liberté de l'« émergeant du néant » qui va à la rencontre de son ambiance, sera confrontée à deux impératifs.

D'abord s'impose l'efficacité de son approvisionnement qu'il ne peut assumer seul, un génie logistique d'origine maternelle soutiendra la transmission de la vie, ce génie, n'étant pas à notre ordre du jour sera passé sous silence. En bref, qu'il soit déposé dans un ruisseau avec mille de ses semblables dont 95% ne réchapperont pas, pondu dans un œuf puis couvé jusqu'à son éclosion ou protégé dans le ventre de sa mère avant sa mise au monde, l'intendance d'un embryon s'apparentera au « ravitaillement en vol ». Il sera affublé d'organes provisoires qui feront venir sa pitance directement **à lui** pour qu'il soit rassasié.

Au même moment sévit la nécessité de pouvoir, malgré sa croissance, entretenir sa communion avec la nature sans se déchirer comme un drapeau qui flotte au vent. Il va se tourner, se contourner, se re contourner et en profitera pour faire venir son ambiance **en lui**, et se consolider.

Finalement **il sera méconnaissable, mais la simplicité rigoureuse de son organisation initiale demeurera**. La compote sera toujours au sein de la pâte et constituera le dedans, et l'ambiance constituera toujours le dehors même lorsqu'elle sera captive. Ainsi le tissu de revêtement isolera toujours le tissu neuro-myocytaire du milieu ambiant, quelles que soient les apparences embrouillées et trompeuses.

En toute simplicité, la galette va gober et enclaver une portion du milieu ambiant qui l'entoure, puis une autre. Elle fera de la première son armature solide, le conjonctif qui donne forme, souplesse et solidité à l'ensemble du corps... Et de l'autre, elle fera son média liquide, l'irrigation sanguine qui unit chaque endroit du corps à tous les autres.

De l'aube de la croissance à la maturité, de l'échelle des microns à l'échelle des mètres, ces deux inclusions s'enchevêtreront inextricablement et ubiquitairement, tandis que la relation à l'Univers se complètera par la création d'une dérivation digestive, d'un soufflet respiratoire, d'un estuaire urinaire, d'une rade génitale...

... et d'une foule d'éléments naissant de toutes ces surfaces, apparaissant d'abord comme un simple pli sur une nappe, puis bourgeonnant et, sans aucune confusion des versants pile et face, se déployant pour déverser leur production dans les ambiances qu'affrontent les sites dont ils sont originaires.

• ainsi, naissant du revêtement périphérique et lui appartenant, les glandes mammaires, lacrymales, sébacées, sudoripares, les follicules divers, les écailles, plumes, poils, et autres phanères, ongles, griffes et cornes...

• ou, naissant du revêtement de la dérivation digestive et s'y destinant, les dents, les glandes salivaires, le foie et le pancréas exocrine...

- ou, sécrétés par le revêtement du soufflet aérien et l'isolant, le mucus et le surfactant...

- ou, naissant du revêtement de l'estuaire urinaire, les reins, et naissant du revêtement de la rade génitale, les gonades, les féminines glandes de Bartholin, la masculine prostate...

- ou enfin, naissant du revêtement du réseau sanguin, lui appartenant et s'y déversant, toutes les glandes endocrines, de l'anté-hypophyse au pancréas endocrine en passant par la thyroïde, les capsules surrénales et les autres, mais aussi les sites de production globulaire, la réserve adipeuse, et le réseau lymphatique...

- et, charriés par le revêtement du secteur conjonctif et lui appartenant, le matelas fibro-élastique qui galbe les chairs, la charpente ostéo-cartilagineuse et ligamentaire qui s'oppose à la gravité, les cordages tendineux qui, accrochés au tissus contractile, armeront contre l'inertie... et enfin la colle cicatricielle.

Voilà, le tour de l'organisme est fait. Sauf mille oublis, tels que les méninges, la rate, le péritoine, le corps est au grand complet. La perfection sera pour une prochaine fois, son manque ne changera plus rien à la suite. Bref, l'Anatomie maintenant est «toute de rose dévêtue » comme le chantait Serge Gainsbourg.

COUP D'ŒIL SUR L'EVOLUTION
AYANT MENE A L'HOMME

Dans l'actuelle et seconde partie du quinzième milliard d'années de notre Univers, la vie s'est affirmée par l' « **évolution des espèces** » décrite par Darwin (1809 - 1882) dans une œuvre parue en 1859.

A chacune de ses avancées, l'**évolution ayant mené à l'Homme** a laissé derrière elle des espèces qui ont cessé de la suivre. Certaines en sont approximativement restées à ce qu'elles étaient, se livrant pour traverser le temps infini à leur aptitude à se reproduire, elles demeurent bien représentatives des étapes de l'évolution ayant mené à l'Homme. Par contre certaines ont pris une autre voie, ont fait d'autres choix et se sont écartées de la ligne pour en créer une autre.

Beaucoup d'espèces furent « suffisantes » pour venir jusqu'à aujourd'hui, c'est ainsi que nous les retrouvons tous les jours en train de festoyer avec nous sur la Terre.

33

Arrêt sur la Méduse

Parmi les convives témoignant des débuts de l'**évolution ayant mené à l'Homme** est la Méduse. Ses frères et sœurs, eux, ont quitté cette voie et sont devenus Coraux et Anémones, Vers et Mollusques, Araignées et Scorpions, Insectes et Crustacés.

Arrêt sur l'Amphioxus

L'Amphioxus est un petit animal rudimentaire long de quelques centimètres. Il vit dans tous les océans, il est pêché à la tonne en Mer de Chine.

Il n'a ni crâne ni encéphale, ses yeux n'en sont pas encore. Il se construit autour d'un axe souple-dur garni de muscles, qui va d'un rostre à une queue. Au-dessous, sont appendus d'une extrémité à l'autre, une bouche bordée de franges en guise de lèvres, qui conduit autant à des branchies latérales qu'au fond à un tube digestif qui en est à sa plus simple et rectiligne expression jusqu'à l'anus. Au-dessus, son système nerveux se présente comme un « tube » qui est dit « neural ». L'irrigation du tout est basique.

Il n'a pas de tête, mais est orienté et son architecture répond à son sens de déplacement, il a un avant et un arrière.

Il est une méduse qui a fermé sa gabardine, il préfigure les poissons à squelette cartilagineux. Ne possédant pas de pigment, il est transparent.

Passage aux Poissons (à squelette) cartilagineux

Le Requin, la Raie

Puis aux Poissons (à squelette) osseux

Le Mérou, l'Espadon

Transition de la Vie aquatique à la Vie terrestre

Le Cœlacanthe… est l'ancêtre de tous les animaux desquels nous nous sentirons de plus en plus proches…

Le Dipneuste… La Grenouille et les Batraciens…

Leurs enfants dissidents sont sortis de l'Evolution ayant mené à l'Homme et sont devenus Lézards, Tortues, Oiseaux et Reptiles dont la descendance comporta les Dinosaures.

… Leurs enfants conformistes sont devenus Mammifères.

L'Ornithorynque et les monotrèmes

Le Kangourou et les Marsupiaux

Les autres et les Placentaires... Volants comme la Chauve-souris, terrestres comme le Rat, le Loup, la Vache ou l'Hippopotame, retournés à l'eau comme le Phoque, le Dauphin ou le Cachalot, évolués comme le Singe, responsables comme l'Homme.

34

L'évolution est d'abord physionomique, illustrée par la communauté d'aspect des individus du règne animal, ce que confirment l'anatomie, l'histologie, la cytologie et la génétique par l'analyse de leur équipement. L'embryologie offre un regard sur chaque pas du trajet des millions d'années d'évolution qui ont mené à la naissance d'une espèce, et que chacun de ses individus refait en accéléré avant de naître à son tour. Ainsi un poisson, une poule, un cheval, et les autres parmi lesquels nous sommes, singe ou humain, bien avant de devenir alevin, poussin, poulain et nourrisson, sont à leur tout début... un bébé méduse.

VUE D'ENSEMBLE

La belle simplicité du début s'est perdue à jamais.

Mais finalement, le corps est fait de populations cellulaires et d'ambiances. Les ambiances sont solides, liquides, gazeuses. Les populations cellulaires sont au nombre de trois. A l'image du dessin de ce Ⓑ, l'une d'elles forme un *revêtement réparti en trois nappes*, dont l'intérieur couvre l'armée des *myocytes* et au milieu d'eux, la foule des *neurones*, et dont l'extérieur nommé « face mondiale » affronte, lui, les trois secteurs bien compartimentés de l'ambiance environnante**... le secteur périphérique,** le monde et ses annexes viscérales, dérivation digestive occupée par le bol alimentaire, divers sucs et une flore, soufflet respiratoire échangeant son air avec l'atmosphère, estuaire urinaire évacuant l'urine au besoin et rade génitale disposant des gamètes à la demande**... le secteur central**, milieu conjonctif encombré de son architecture**... et le secteur intermédiaire**, milieu circulant fait de sang et de lymphe.

Et c'est tout, tous les cérébrés sont ainsi constitués, tous ont les mêmes cellules et les mêmes ambiances, chacun ayant ses particularités, sans aucune autre complication ni miracle.

Il existe une philosophie de l'« évolution ». Depuis la nuit des temps, la galette a piégé, détourné, canalisé et endigué le milieu ambiant. Elle s'est organisée pour que ne règnent plus les aléas de la tempête et que soient stabilisées les conditions d'échange. A l'œil nu, à la loupe ou au microscope, elle s'est compliquée, elle s'est habillée, protégée, maquillée, peintures de guerre, peintures de l'amour. La multiplicité de ses paysages rend maintenant son spectacle insurmontablement déconcertant, sa présentation synoptique est impossible, à défaut sa présentation simplifiée suffira.

Le milieu ambiant s'est fait entraîner dans le mouvement des tissus, mais on le retrouve et il garde sa qualité de milieu ambiant. Milieu ambiant périphérique, universel au contact de la peau et dérivations viscérales, en transit dans l'intestin, en visite dans les bronches, expulsé par les voies urinaires, protégé dans les voies génitales, Milieu ambiant central, enclave charpentée du secteur conjonctif, Milieu ambiant intermédiaire, enclave liquide du système circulatoire.

Le milieu ambiant et finalement le vaste monde participent à la construction et à la constitution anatomique de l'organisme, il en remplit les cavités et les occupe. Il est la source des tissus autant que leur dépotoir. **Il est le dehors et tout ce qui se tourne vers lui regarde dehors**. Même si ce « dehors » a l'air bien intérieur, il n'en devient pas pour autant « dedans », ce dedans qui abrite les neurones et leurs exécutants, les myocytes.

Aujourd'hui, chaque cérébré naissant a refait en accéléré tout ce trajet ayant nécessité des dizaines de millions d'années d'évolution. Il est bien-sûr passé par le stade « galette fourrée à la compote de rhubarbe ». Comme à ses premières heures, l'organisme est un appareil neuro-myocytaire revêtu d'une enveloppe et plongé dans une ambiance, son p'tit coin d'la planète. La face ambiante de ses revêtements est un vaste chantier permanent qui offre ses itinéraires et se prête au tourisme, sa face interne habille parfaitement la motorisation neuro-myocytaire. Tel est le siège de la vie, ce sera finalement tout.

ACTEURS CELLULAIRES

«En conditions normales», hors contraintes, maladies ou traumatismes, et bien sûr hors situations expérimentales, toute cellule doit répondre à trois impératifs, premièrement survivre et être digne de vivre, deuxièmement entretenir le matériel qui lui permet l'exercice de sa spécialité et être digne de ses collègues tissulaires, et troisièmement faire son travail quand il lui arrive et être digne de l'organisme auquel elle appartient. **Rien de plus**.

« En conditions anormales », répondre à ces impératifs devient délicat, pénible ou impossible, ou simplement artificiel.

Une cellule n'a aucune autre perspective personnelle, ni dans sa vie de cellule, face à elle-même, ni dans sa vie de membre d'un tissu, face à son équipement spécialisé, ni dans sa vie d'ouvrière, face au travail qui lui revient au sein d'un l'organisme…

Les cellules se divisent et une devient deux. La cadence des mitoses est maximale en tout début de croissance puis elle ne cesse de ralentir pour se stabiliser à la maturité. Ainsi le temps de doublement du corps ne cesse de s'allonger pour finir par s'éterniser à la maturité. Paradoxalement, la fin de la croissance est la plus spectaculaire parce qu'elle concerne le dernier doublement, le plus lourd et qui a le plus d'ampleur, même s'il est le plus lent. La croissance étant terminée ce phénomène ne concerne plus toutes les cellules de la même façon.

Les **cellules de revêtement** ressemblent à de minuscules sacs à provision. Pendant toute leur carrière, elles se divisent et deviennent deux, l'une travaille et en meurt tandis que l'autre poursuit ce scénario en se divisant à son tour. Le rythme des divisions se règle sur celui des morts au travail. Elles sont souvent autochtones, en colonies, en nappes, ou éparses, elles sont parfois libres. Leur apparence varie selon les ambiances qu'elles affrontent, quelques fois elles sont réduites à une expression minimale, un simple film.

Le mode de travail des cellules de revêtement est tel que le jour où l'une d'elles se met à se diviser deux fois plus vite qu'il ne le faut, ou le jour où l'une oublie de mourir et transmet ce caprice à sa descendance, une tumeur apparaît. Les revêtements sont le jardin des cancers. Par nature ce ne sera pas le cas ni chez les neurones ni chez les myocytes qui sont aussi avares les uns que les autres en mitoses.

Les **neurones** sont des conducteurs d'influx électrochimiques faits d'un corps paré de deux filaments arborisés. D'un côté la dendrite reçoit des influx de son amont et les achemine jusqu'au corps, et de l'autre l'axone conduit les influx récupérés du corps jusqu'à l'aval de son arborisation.

La transmission d'influx d'un neurone à un autre se fait au niveau d'un site nommé synapse, petite écluse électro chimique. L'extrémité aval de l'axone (ou amont de l'écluse) est garnie de vésicules contenant un médiateur chimique. L'arrivée d'un influx libère ce médiateur, qui éclabousse l'extrémité dendritique du neurone suivant et l'excite, ainsi renaît en aval de l'écluse, l'influx perdu par l'amont. Finalement les neurones sont obligatoirement des conducteurs d'influx à sens unique, reçus de l'amont de l'arborisation dendritique, les influx sont conduits à l'aval de l'arborisation axonale, puis transmis.

Il en est des gros, des petits, des longs, des courts, des chevelus, des dégarnis, des lents et des rapides, à sérotonine, à noradrénaline, à acétylcholine. Ils sont en couches, noyaux et colonnes dans le névraxe, en plexus, ganglions ou isolés dans le reste du corps. Ils ont tous un influx comparable mais chacun a le sien, les neurones sont par milliards. Aucun d'eux ne se ressemble tout à fait strictement, de plus, certains sont jeunes, d'autres sont vieux, chacun accommode le signal qu'il reçoit à sa façon et comme il le peut, mais tous font leur travail. Telle est la diversité de la population constituant le tissu neuronal.

Les neurones sont des cellules spécialisées dans la conduction d'un influx reçu de l'amont jusqu'à sa transmission à l'aval. Ils se caractérisent par leur résistance à l'activité spontanée, et d'ailleurs ils pourraient avoir, comme c'est le cas pour l'essence, le produit pétrolier, un indice d'octane. Les neurones sont transmetteurs d'influx, ils n'en sont pas créateurs. Ils mènent leur vie de cellule et survivent, ils mènent leur vie de neurone et entretiennent la câblerie qui leur permet l'exercice de leur spécialité, et ils mènent leur vie de membre d'un organisme et font leur travail d'acheminement d'influx quand ils leur arrivent et dès qu'ils le peuvent. Et c'est tout, ils transmettent un influx exactement comme ils ont transmis le précédent et comme ils transmettront le suivant, ils sont fidèles comme une bascule. Après avoir travaillé, ils disposent d'une brève période réfractaire, petit délai de récupération qui les rend infatigables, donc fiables (ce délai n'est pas un signe de fatigue mais au contraire un dispositif d'infatigabilité). Finalement les neurones sont de petits ouvriers serviles...

Les **myocytes** sont des cellules spécialisées dans la production d'une énergie mécanique, leur corps est contractile comme un moteur d'électrovanne. Répondant aux ordres d'une synapse motrice, ils délivrent une traction, sinon ils restent tranquilles. Les myocytes sont le point final de la population des neurones, leur appareil exécutant... CLIC, ils se contractent, il n'y a pas de milieu, puis ils se relâchent.

Par la membrane qui les habille, les myocytes adhère fermement au tissu de revêtement qui les couvre, ainsi en se contractant ils tirent sur ce revêtement et le mobilisent.

Il en est des fusiformes, des tubulaires, des blancs, des rouges, des vifs et des mous, groupés ou dispersés, etc... Ils vivent leur vie de cellules, entretiennent leur moteur et exécutent leur travail quand c'en est l'heure... Après chaque contraction, ils disposent comme c'est le cas pour les neurones, d'une brève période réfractaire pour se reconstituer, puis ils retrouvent leur aptitude à se contracter, reviennent dans l'attente de l'ordre suivant auquel ils répondront avec une fidélité, une fiabilité et une servilité invariables.

NB : Le terme « myocyte » est préférable au terme « cellule musculaire » car il évoque exclusivement le tissu fait de ces cellules contractiles alors que dans «cellule musculaire», le terme musculaire évoque une pièce anatomique comportant du conjonctif, une irrigation sanguine et d'autres éléments.

Et c'est tout, le tour des cellules est fait, il n'en existe pas d'autres... Quel que soit l'impressionnante multiplicité de leurs présentations, elles ne sont que de trois sortes.

Deuxième partie

Mode « hérité »
de la Vie à ses débuts

DISTRIBUTION DES ROLES

La machine biologique n'est au total qu'un appareil neuro-myocytaire caché sous des revêtements, le tout étant plongé dans une ambiance. Les filaments électrochimiques que portent les neurones sont arborisés et par la multitude de leurs contacts avec ceux d'autres neurones, ils constituent **un gigantesque réseau**. La population des **myocytes**, elle, fait anatomiquement et physiologiquement suite à la population des neurones à laquelle elle obéit par les synapses motrices. Cette cohésion de ces deux populations cellulaires en fait un **ensemble homogène, logique et indivisible**.

L'**amont** de tout ce réseau neuro-myocytaire est constitué d'organites récepteurs de deux sortes. Les uns sont calés dans les tissus de revêtement, ils regardent dehors et témoignent de ce qui leur parvient de leur ambiance. Ce sont les **récepteurs d'ambiance**, tournés vers le vaste Monde ainsi que vers ses dérivations viscérales et ses deux enclaves, l'une conjonctive et l'autre circulante, ils sont bien sûr insensibles aux deux ou trois cellules qui forment leur propre logette. Les autres sont calés dedans parmi les myocytes, ils attendent et dénoncent leurs secousses. Ce sont les **récepteurs de la motricité**… des myocytes contre lesquels ils sont calés, mais, ils ne sont pas sensibles aux bousculades venant du voisinage ou transmises d'un ailleurs.

Ces récepteurs sont sensibles à certaines énergies, physiques, chimiques, qui arrivent dans leur champ. Ils les transforment en un signal standardisé, influx qui file, comme d'autres, à 360 km/h vers le plus épais du réseau neuronal. Les énergies génératrices de signaux sont multiples mais leur diversité pour un individu est toujours la même, et quoi qu'il en soit de l'énergie génératrice, la forme du message délivré en aval des récepteurs est unique, ce sera un influx sinon rien. **Finalement la signification spécifique de chaque signal ne tient qu'à son existence et à sa provenance**.

L'**aval** de l'appareil neuro-myocytaire est fait des synapses motrices qui flanquent les myocytes et commandent leurs contractions. Les myocytes résident sous les revêtements auxquels ils adhèrent fermement. Par leurs tractions ils les motorisent directement, et à travers eux ils motorisent l'ambiance qui règne au-delà d'eux, au dehors.

Si l'amont du système est le site de la réception, l'aval est le site de l'action.

Tous les contours effectués par la galette initiale pendant sa croissance ne changent rien à l'ordre anatomique établi ni à son animation d'ensemble. La vie réside dans ce matériel. L'amont du tissu nerveux reçoit des stimulations de tous les secteurs du dehors où règnent les ambiances, et reçoit des stimulations du dedans où obéissent les myocytes, le réseau neuronal **offre ses routes au mariage des deux flux de signaux** et à sa sortie, les deux ne sont plus qu'un arrivant aux synapses motrices. En aval, les myocytes exécutent...

c'est le comportement

...mobilisant les divers tissus de revêtement et à travers eux tous les secteurs du dehors qui, pendant ce temps, ont continué à vivre et ont déjà pris un temps d'avance... Effectivement l'ambiance périphérique a changé, de même qu'ont progressé les ambiances de ses dérivations viscérales, digestive, aérienne, génitale et urinaire, l'ambiance circulante a irrigué, et l'ambiance conjonctive a bougé.

PRODUCTION DE LA VIE

La signification des signaux, par leur existence et leur provenance, semble se diluer irrémédiablement avec celle des signaux contemporains dans le réseau neuronal et se perdre dans l'encombrement préalable. En réalité, après célébration d'un grand mariage, elle resurgit tout naturellement à la sortie, dans la cohérence manifeste du comportement.

Entre amont et aval du **système nerveux**, la trame développée est le réseau routier des influx électrochimiques, extraordinairement sophistiqué, son détail demeure indescriptible. Simplement, ainsi que tous les individus de sa fidèle population, d'où sortent les influx par des vésicules synaptiques, il fonctionne servilement et en sens unique. Sa **mission** est de supporter sur sa propre géographie, suivant les règles de sa physiologie et selon son encombrement préalable, le trafic des influx parvenant des récepteurs par rafales incessantes, et d'en restituer aux synapses motrices ce qu'ils sont devenus pour que s'ébranlent les myocytes, que soient mobilisés les revêtements et à travers eux que soit rattrapée l'ambiance.

Au résultat sur un tel réseau, majoritairement représenté par la massive matière cérébrale, le transit des influx n'est pas bien imaginable, il est simplement prévisible qu'un influx qui se lance le fasse d'un seul coup à toutes les échelles de temps, du franchissement fugitif au tournoiement dantesque pendant toute une période ou pour toute la vie.

Les « influx parvenant des récepteurs par rafales incessantes » sont **l'expression de l'actualité,** d'une part venant du dedans où les myocytes exécutent le comportement, **l'expression de l'actualité motrice** et d'autre part venant du dehors qui bouge sans cesse, **l'expression de l'actualité ambiante**.

« De restituer aux synapses motrices ce que sont devenus les influx... pour que soit rattrapée l'ambiance » est une **anticipation**.

Le détail du réseau neuronal demeure indescriptible. Il en est ainsi pour une question d'extrême finesse et de phénoménale densité de sa texture mais certainement pas pour une question de remodelage permanent de sa dentelle. En effet, il est tellement avare à montrer la moindre modification de ses itinéraires qu'il faut le filmer avec une caméra réglée à une image par heure pendant des semaines pour en constater quelque unes. Effectivement la stabilité du réseau neuronal est digne de celle d'un **napperon**.

Bien sûr, en conditions normales, hors contraintes, maladies ou traumatismes, la population neuronale s'accroît et élabore ses connexions jusqu'à sa maturité, puis elle se rabougrit et se raréfie jusqu'à l'agonie, mais cette évolution se situe à l'échelle des années. Or ici votre serviteur rappelle qu'avec lui vous passez votre temps à observer la vie « que nous vivons, celle que nous vivons de nos yeux », qui, elle, fonctionne à la fraction de seconde. Et à l'échelle des instants qui se succèdent pour constituer les minutes de notre vie, le plan du réseau de circulation des influx, bien qu'on ne puisse le dessiner, peut être considéré comme **durablement établi**, ceci est encore plus évident pour son aval fait de la population des myocytes.

Finalement le système nerveux, par son mode de fonctionnement hyper rapide, avale et digère au fur et à mesure des jours, l'incidence de son propre remodelage. Il pardonne et efface la distorsion à craindre au cours d'un âge de la vie, distorsion qui devient un **phénomène insignifiant à l'échelle des instants**. Par contre d'âge en âge, si la règle du jeu reste la même, les donnes que distribue la vie ne peuvent plus être jouées de la même façon, et par exemple en matière d'approvisionnement, un humain passe de la poche vitelline au placenta, puis du sein au biberon, de la cantine scolaire au restaurant d'entreprise, puis d'un service de repas à domicile à la dernière étape, une perfusion dans un hospice.

Le système neuro-myocytaire, par ses récepteurs, est un organe auscultatoire, il reçoit l'expression de l'actualité, expression de l'actualité motrice et expression de l'actualité ambiante. Par sa trame, il supporte le mariage de ces deux expressions et leur conversion en une seule... anticipation qui arrive aux synapses motrices. Par l'exécution des myocytes, il fait passer l'expression de l'actualité dans les actes et par les revêtements qui l'habillent, il la fait passer dans les faits qui s'établissent au contact de l'ambiance. Devant l'ambiance, l'équipement tissulaire est en place, à son entrée **l'expression de l'actualité**, à sa sortie **le reflet moteur de cette expression**, qui s'adresse à ce que déjà l'actualité est devenue.

La vie est là, avec un peu de réussite, elle va continuer.

Ce sens unique sur lequel se marient les signaux est servile, ce sont bien les signaux qui se marient sur lui et non lui qui les marie. Il n'a aucune responsabilité dans aucun mariage dont il n'est que le support assurant l'intendance. « L'intendance suivra ! » affirmait Charles De Gaulle.

Dame Nature a équipé les cérébrés d'un capital de neurones dont le recensement est impossible. A 100 m/sec, un influx est suffisamment rapide pour faire le va-et-vient d'un hémisphère à l'autre des centaines de fois en un dixième de seconde. Les influx étant en foule innombrable, il est prévisible que l'agitation électrochimique régnant sur le cerveau permette de chauffer une caméra à infrarouges braquée sur une zone à haute densité de trafic, suffisamment pour la rentabiliser... Puis éveiller la convoitise du candide, le laisser croire en la découverte d'un foyer de vie, ou d'un de ses centres de fabrication. Attention, entre cette agitation et la vie de l'individu concerné, il y a une relation que leur concomitance rend manifeste, mais l'un n'est pas l'autre.

SIGNIFICATION ET MISSION DE L'EXPRESSION DE L'ACTUALITE

L'expression de l'actualité motrice est l'expression de l'exécution du comportement, elle émane des myocytes. Elle traduit leur obéissance et leur respect d'une anticipation qui a résulté du mariage des expressions de l'actualité d'avant sur la trame neuronale, l'expression de l'actualité motrice d'avant avec l'expression de l'actualité ambiante d'avant... **Elle émerge du passé… et arrive au présent.**

L'expression de l'actualité ambiante émane du dehors et traduit l'effet qu'ont l'un sur l'autre, par revêtement interposé, l'ambiance et le comportement : son recto, expression ambiante du comportement, bébé pousse sur la gorge, et son verso, expression comportementale de l'ambiance, un cri traverse la pièce... **Elle reflète un présent… paré pour le futur.**

Les deux expressions de l'actualité s'engagent dans la trame neuronale.

Elles la traversent, se marient et, arrivées aux synapses motrices, ne sont plus qu'une. **Cette messe** qui se conclut par une anticipation, est fondée sur des données qui se périment de plus en plus jusqu'à l'accomplissement du comportement. Elle **s'adresse au futur : son opportunité devra s'avérer pour qu'un lendemain s'ensuive,** sous peine de sélection naturelle.

Philosophiquement, le principe du réseau neuronal est d'offrir ses routes aux expressions… du dernier ajustement du comportement… et de son résultat ambiant, recto et verso. Et d'assurer la logistique de leur conversion par le mariage en une réponse à l'avenir. **Ce génie** de permettre des anticipations qui vouent avec opportunité tout l'équipage à une suite **est d'abord hérité** avec le système et le niveau d'élaboration de sa carte, il est soumis à la draconienne sélection naturelle dont il est le chef d'œuvre. Il ne s'exhibe au grand jour qu'au travers des archaïsmes.

OPPORTUNITE HERITEE

Depuis la fécondation de l'ovule par le spermatozoïde vainqueur du sprint, l'embryon repasse par tous les stades de l'évolution des êtres sur terre, méduse puis amphioxus, poisson, amphibien, etc. **Tout nouveau-né se trouve automatiquement doué d'une aptitude à vivre la vie de nouveau-né vécue par ses ancêtres dans l'évolution** : Un têtard dans sa flaque d'eau vit comme un poisson, un alevin vit comme un amphioxus, et un amphioxus naissant vit comme une méduse.

La trame neuronale ne fait pas de tours de passe-passe avec les signaux pour en faire une anticipation... Elle offre à leur transit des itinéraires d'une sophistication suffisamment géniale pour destiner automatiquement les premiers instants de la vie à une suite, sous peine d'une sélection naturelle qui ne manque jamais.

Ainsi à sa naissance, le bébé humain possède la même gestuelle qu'un **bébé singe**, **les pédiatres parlent d'automatismes, de réflexes archaïques ou d'archaïsmes**, succion avec la bouche, agrippement des doigts, réflexe cutané plantaire mettant lentement les doigts de pieds en extension par simple friction de la plante des pieds depuis le talon jusqu'au pouce, marche automatique... Il est apte à grimper sur le ventre de sa mère, y adhérer sans patiner, à s'accrocher à son pelage pour se rendre à ses mamelons et les téter. Tout ceci est le stade zéro de la préhension et de l'acquisition de l'environnement... à vaincre sous peine de mort.

Dans tous les cas, la « venue au monde » d'un être est sa première grosse épreuve mortelle. L'aptitude de son équipement aux automatismes qui l'introduiront à la liberté sur la planète, sera seule impliquée dans la réussite ou l'échec de cette tentative. L'individu, lui, ne pourra en aucune façon être tenu pour personnellement responsable puisqu'il n'existe pas encore et n'a encore rien demandé.

Le comportement s'exécute. Les tissus de revêtements sont mobilisés et au-delà d'eux l'ambiance est bousculée. Tout se présente différemment. Venant de l'ambiance et venant des myocytes, les expressions sont nouvelles et **c'est reparti pour un tour et parti pour la vie**, à la vitesse de la conduction nerveuse, 110 m/sec, 400 km/h, et à chaque instant, des centaines d'entrées des deux expressions dans la « matière grise », leurs mariages et les centaines de comportements qui s'ensuivent, puis des nouvelles expressions aux comportements suivants, etc... de façon incessante, comme en atteste l'**EEG**, jusqu'à ce que la mort ne survienne et ne le mette en veille. Avec son ambiance, ses revêtements et son appareil neuro-myocytaire, l'équipage est fonctionnel, il est un organisme, paré pour se comporter, traverser le temps, vivre... et organiser le chaos.

L'action de regarder engage pour un Homme 10 cm d'aller des rétines au cerveau et 10 cm de retour du cerveau aux muscles oculomoteurs. A 110 m/sec cela fait 550 réactions à l'information visuelle / sec... Pour un rat, cela en fait 5500. Les noces unissant l'expression ambiante de l'actualité à l'expression de l'exécution du comportement et donnant naissance à l'anticipation se déroulent dans la trame neuronale à ce rythme, les images qu'en tire l'IRM fonctionnel sont très jolies, leur interprétation viendra un jour.

Pour des poissons ou des oiseaux, ce chiffre approcherait peut-être les 10 000, leur permettant d'exécuter des ballets dont la coordination atteint la perfection à nos yeux à nous. Il est alors compréhensible que soit imaginé un « système nerveux collectif » gérant ce magnifique spectacle de leurs déplacements dans les eaux ou le ciel.

ENTREE D'UN ELEMENT DANS LA VIE D'UN ORGANISME

Deux sites sont générateurs d'une expression, les myocytes dedans et l'ambiance dehors. Les myocytes, eux, ne font jamais qu'exécuter des anticipations issues du mariage des expressions de l'actualité d'avant, ils n'engendrent que l'expression d'une réponse au passé. **L'ambiance, elle, a donné naissance à la vie et poursuit sa pression, elle impose son expression.**

De ces deux générateurs d'expression, **seule l'ambiance mène la danse.** Les myocytes ne font que suivre, aucune nouveauté n'arrivera jamais par leur expression, « en conditions normales ». **Tel est l'ordre des choses** et son corollaire, toute nouveauté n'arrivera toujours et forcément que par l'expression de l'ambiance.

Un élément de l'ambiance qui s'exprime suffisamment devant les récepteurs sera traduit dans le comportement suivant qui lui adressera les revêtements selon de nouveaux rapports, impliquant une nouvelle expression de l'élément, suivie d'un autre comportement et ainsi de suite. **Cet élément habitera l'organisme, traversera le temps et existera.**

Cet élément existera et fera exister l'organisme dont il est désormais un acquis. **L'un et l'autre se traduiront dans l'expression de l'actualité ambiante**, avec un recto, l'expression du comportement sur l'élément, et un verso, l'expression de l'élément sur le comportement... Finalement, cette expression, recto et verso de l'actualité ambiante, de l'effet qu'ont l'un sur l'autre le comportement et l'ambiance, a un caractère « réciproque » qui sied à la réalité de leur échange... un coup de griffe, et du sang sur la joue.

La poursuite de ces séquences est obligatoire, sans cesse l'ambiance, qui n'est ni plus ni moins que la représentante locale du vaste monde, impose ses expressions à l'appareil tissulaire. Et l'appareil tissulaire est contraint de répondre par des comportements hérités... renvoyant les reflets moteurs des expressions reçues... sans moyen naturel d'échapper à ce jeu infernal, jusqu'à ce que l'âge ou la survenue de conditions « anormales » n'y mettent un terme.

Troisième partie

Mode « Acquis » de la suite de la Vie

ou

Comment un Être, possédant un Organisme

ancestral, hérité de l'Evolution multimillénaire,

peut-il s'adresser à la Vie moderne,

et ultramoderne... lire,

écrire, compter,

piloter ?

VIE D'UNE NOUVEAUTE JUSQU'A SON « AQUISITION »

La fonction de l'« expression de l'actualité ambiante » est fondamentale, elle permet une progression de l'organisme dans l'immensité du monde.

0   Une nouveauté à son apparition se fait percuter par un organisme parce que son comportement n'en était nullement empreint. C'est la **collision**.

1   A cet accident, l'organisme répond par un **archaïsme**, une **anticipation héritée**. La rencontre a lieu, c'est la **cognition**.

2   En la présence de cette nouveauté, l'information qu'elle engendre charge le comportement de son existence, c'est l'**apprentissage**.

3   A sa disparition, son spectre se fait percuter par l'organisme parce que le comportement est encore chargé de sa présence, c'est la persistance de ses effets, de son « impression », et la **chute dans le vide** laissé.

4   A ce second accident, l'organisme répond aussi par un **archaïsme**, une autre anticipation héritée. Cette cognition est la rencontre de son absence. L'organisme s'adresse à son fantôme, c'est la **rétention**.

0'   A sa réapparition, c'est une **anticipation cette fois acquise**, le comportement est empreint du passage de la nouveauté qui n'en est plus une, sa place lui est réservée, son accueil et l'adieu qu'elle mérite aussi.

Finalement, le caractère construit par l'organisme de l'anticipation acquise lui vaudra d'être un « **ordre** ».

Chaque nouveauté qui entre dans le circuit y est « emprisonnée », elle charge le comportement et le conditionne pour la suite. Chaque instant est fait d'une ribambelle de nouveautés qui dansent dans l'ambiance et engagent tous les aspects de la fonction de l'expression de l'actualité ambiante.

CONTENU DE L'EXPRESSION DE L'ACTUALITE

Les expressions issues des myocytes et portées vers le système nerveux ne figurent pas le comportement mais juste les modifications constituant sa dernière évolution, respectant le mariage des expressions de l'actualité d'avant dans la trame neuronale.

Le comportement, en fait, ne figure qu'avec l'ambiance… s'adressant à elle, il passe dans l'expression de l'actualité ambiante, et dans ses deux facettes, recto et verso.

Les expressions issues de l'ambiance et portées vers le système nerveux ne sont pas significativement représentatives de la nature et de l'identité de cette ambiance, mais juste de ses caresses, traces de son passage et quelque fois, il est vrai, signature, laissées et traduisant l'effet qu'ont eu l'un sur l'autre l'ambiance et le comportement.

 Au résultat le mariage de ces deux expressions est celui de la dernière évolution du comportement et de l'opportunité de son résultat obtenu sur l'ambiance. Destinant à une suite, il mène à la pertinence.

DE L'OPPORTUNITE HERITEE A LA PERTINENCE ACQUISE

A l'entrée de l'ancestral et multimillénaire appareil tissulaire, l'expression de l'ambiance est bien-sûr parfaite mais à sa sortie, le reflet moteur de sa nouveauté est archaïque. Ainsi l'opportunité du comportement est «primitive», et le résultat de son exécution sur l'ambiance n'est pas opportun. C'est la collision.

En fait, l'ambiance continue à exercer sa pression et s'impose comme le mille de la cible dans une partie de fléchettes. Le défaut de compétence du comportement sur l'ambiance participe à la constitution de l'expression suivante (dont la précédente était évidemment privée), le comportement qui s'ensuit gagne en opportunité, son résultat sur l'ambiance gagne en précision. C'est la cognition. **Ainsi l'opportunité des comportements archaïques devient pertinence des comportements acquis.**

Sans cesse, l'ambiance va mettre le comportement à l'épreuve de sa « compatibilité avec une suite ». C'est elle qui, de façon aussi bienveillante que tyrannique, lui a déjà fait cracher son héritage, ses archaïsmes et leur belle opportunité permettant de survivre aux premières épreuves de la sélection naturelle lors de l'introduction à la liberté sur la planète.

Et c'est encore elle qui persiste et harcèle les itinéraires de sa production, les mettant **à l'épreuve de toutes les choses même les plus artificielles et folles**, exigeant une pertinence dorénavant acquise, améliorée et entretenue, afin de pouvoir conserver la vie suffisamment pour la donner, puis la protéger suffisamment pour qu'elle puisse la transmettre à son tour… et continuer… devoir de

Mathématiques, périple à travers l'écran d'un ordinateur, virée sur une moto. On voit aussi des ours faire du vélo, des chats ouvrir les portes, des singes aider les invalides... question d'apprentissage.

A l'évolution vont l'ingéniosité et la technique, **à l'ambiance vont la ténacité et la créativité**, aux neurones vont la fidélité et la fiabilité. Finalement ce manège tourne depuis des centaines de milliers d'années et a largement fait ses preuves.

L'ambiance maintient donc sa pression sur l'appareil tissulaire et lui présente ses nouveautés plus tordues les unes que les autres. Ensuite elle en tire ce qu'elle peut pour que cela continue, et que l'ensemble vive, survive et échappe le plus longtemps et le mieux possible à la sélection naturelle. C'est la persévérance de l'ambiance qui permet à l'appareil tissulaire d'atteindre la pertinence de son résultat parce qu'elle le veut, elle le cherche, elle l'attend et il lui convient. Elle le trouve par tâtonnement, ou le découvre par enseignement, ou dressage, l'apprend, l'acquière puis le cultive, le répète, le remet à jour et le reconditionne... **Et passe à la suite**... La persistance s'évanouit, la rétention demeure...

DE LA VIE DES CELLULES D'UN ETRE A SA VIE A LUI

Pendant toute la vie, sans cesse, l'ambiance présente des nouveautés puis d'autres qui appellent le comportement, le retiennent puis le libèrent. Le comportement se concentre sur l'une d'elles, d'instant en instant et d'ajustement en ajustement la nouveauté se termine et s'éteint, alors le comportement se tourne vers la suivante, c'est la **focalisation**.

L'animal est né, qui flaire, qui dévore et repart.

Notons que c'est l'ambiance qui présente ses nouveautés à l'appareil tissulaire de l'animal et qu'en aucun cas ces nouveautés ne sont des conceptions de son merveilleux cerveau.

Au jeu de la vie tout le monde est installé à la même table et fonctionne sur le même mode, mais personne n'a vraiment le même équipement, chacun a ses acquis, chacun a sa donne, un point c'est tout. Il en va ainsi de la communauté de vie dans le Règne Animal.

UNITE DE LA VIE

Attention, telles sont les relations unissant l'ambiance et l'appareil tissulaire qui, s'ils sont deux, n'existent pas l'un sans l'autre, ne sont finalement qu'un et sont l'organisme de l'objet de notre observation. Et c'est globalement à cet animal que reviendra l'honneur désormais d'avoir atteint la pertinence, ainsi, au deuxième mois de la vie atmosphérique d'un bébé humain, ses archaïsmes disparaissent, sa vie à lui commence.

Tout ce développement est le fait d'une multiplication des mariages d'expressions à travers un réseau neuronal... dont la carte, bien qu'on ne puisse la dessiner, est aussi stable que celle d'un napperon... dont la fiabilité n'a d'égal que sa servilité... Et dont le génie est d'offrir des itinéraires qui confrontent deux informations, l'une sur un comportement émergeant du passé pour arriver dans le présent, et l'autre sur une ambiance installée dans le présent bien en face du futur... pour aborder l'avenir et destiner l'organisme à une suite, donc à l'acquisition... A noter qu'il n'est toujours pas question d'une activité occulte de la matière grise.

Le réseau neuronal, très majoritairement représenté par le merveilleux « cerveau », ne fait que supporter servilement la pression exercée par l'ambiance.

Un neurone n'a pas le choix de jeûner pour rêver plus longtemps d'une vie errante de globule rouge, il n'a pas non plus le choix de blinder sa câblerie pour être plus costaud que ses collègues, ni de laisser tomber un influx parce qu'il estime qu'il ne rapportera rien à l'organisme auquel il appartient, et qu'il vaut mieux forcer sur un autre. Il n'a droit à aucun caprice.

Ni les neurones, ni leurs colonies, ni le système nerveux dans son ensemble n'ont la prérogative de « produire » l'anticipation comme bon leur semble et à leur gré.

... Un neurone tout seul ni un groupe de neurones, ni le système nerveux en entier n'ont aucune possibilité de prendre le pouvoir sur l'organisme auquel ils appartiennent, ne serait-ce que pour décider de mieux le servir.

RANDONNEE JUSQU'AU CHAMP DE LA CONSCIENCE
par « LA VOIE CELLULAIRE »

La géographie de la face mondiale des revêtements et celle des récepteurs d'ambiance qui y sont calés et affleurent, se chevauchent. Elles font face aux trois secteurs ambiants qui constituent leur **panorama**... et pour ce qui la concerne dans ce panorama, la géographie des récepteurs a un champ.

Le chronomètre est en marche. **L'expression de l'actualité ambiante, recto et verso mène la vie de l'organisme** (expression ambiante du comportement, et expression comportementale de l'ambiance). Elle va à la géographie des récepteurs et passe dans le comportement qui en renvoie le reflet moteur à l'ambiance... alors celle-ci en exprime l'exécution... etc... etc... etc.

Sur le même mode, cette expression porte des nouveautés qui, l'une après l'autre, font trébucher le comportement et accrochent sa **focalisation**. Une nouveauté ambiante l'appelle, pour une cognition, le retient, en apprentissage, puis le libère, l'heure est venue de sa persistance puis de sa rétention, celle de se tourner vers la suivante aussi... c'est parti pour la suivante et parti pour la vie... donnant lieu à une succession d'expressions particulières de l'actualité ambiante, **l'expressions de la focalisation**.

Sans cesse ces nouveautés ambiantes, qui se présentent dans un flot continu, qui appellent le comportement et qui, l'une après l'autre, sont la cible de sa **focalisation**, donnent lieu à **une expression remarquable.**

L'expression, recto et verso, de l'actualité ambiante de chaque nouveauté, expression de leur focalisation, correspond très exactement à ce que nous avons sous nos yeux intelligents et que nous nommons « information ». Cette information engage toutes les secondes et les minutes de toute notre vie. Elle engendre notre interprétation de tout, celle du monde et de sa diversité, le bleu du ciel sous notre regard, celle de nous-même et de notre complexité, le cœur qui se manifeste et bat dans la poitrine, elle engendre nos réactions d'être vivant, elle mène notre vie, « celle que nous vivons de nos yeux ».

La vie de « L'expression des focalisations » est très précisément ce qu'à propos de notre propre vie, nous nommons la conscience, notre conscience, qui fait de nous ce que nous sommes.

Les éléments de l'information, comme toutes autres expressions de l'ambiance, arrivent dans le champ des récepteurs d'ambiance. La place qu'ils y occupent est le **Champ de la Conscience.**

LA STRATIFICATION DES EXPRESSIONS

De fractions de secondes en fractions de secondes, **les expressions de la focalisation du comportement**, se complètent par strates chronologiques devant la géographie des récepteurs, ad vitam, s'ajoutant sans cesse les unes aux autres.

Dans cette stratification immatérielle, les informations fraîches et conséquentes venant de la focalisation du comportement lui donnent son caractère **conscient**, correspondant exactement à **« la vie que nous vivons de nos yeux »**.

Et pour ce qui concerne le reste de la stratification, les informations issues de la déambulation de la focalisation mais ayant perdu leur fraîcheur et leur magnitude, se déclassent et se stratifient sur une base initialement héritée et donnent à la vie son caractère **inconscient**. Cette base est constituée des informations issues de vies antérieures, parents, ancêtres, prédécesseurs dans l'évolution. Elle donne à la vie son caractère **archaïque, automatique.** Un nouveau-né a les notions entre autres, de l'air, du lait de sa mère et de ses mamelons, du cri et de bien d'autres instincts. Cette base s'épaissit tout au cours de la vie des êtres et du déclassement de leurs informations.

Le Champ de la Conscience se charge et se surcharge, tandis que par dessous il ne cesse de se décharger sur la stratification inconsciente de sa base héritée. Le conscient, l'inconscient, strates noyées dans la masse et dépersonnalisées, recouvertes, maquillées, diluées, oubliées, les automatismes et les archaïsmes, **tout est actif et se traduit mécaniquement** par le comportement, permettant tout simplement de respirer, digérer, survivre à une nuit de sommeil, de mettre un pied devant l'autre pour avancer, ce qui ne déclenche pas de questionnement existentiel... ou tirant de la bouche d'un gentil garçon un juron impardonnable... ou faisant grimper au ciel à l'écoute d'une chanson étrangère qui n'est même pas comprise.

Malgré son incommensurabilité insondable et inimaginable l'inconscient n'est finalement que ce qui n'est pas présent dans l'argumentation de la vie à cette heure-ci, mais jadis il le fut à un moment ou à un autre, « La culture est ce qui reste quand on a tout oublié »... et si ce n'est pas dans cette vie, ce fut dans des vies ancestrales... « Les chiens ne font pas des chats »...

L'inconscient est une réalité, et bien qu'immatériel au même titre que le conscient, il n'est ni une virtualité, ni une abstraction, ni une fiction, ni le fruit de l'imagination romantique d'une bande d'étudiant, ni celui des rêves de scientifiques débridés au sortir de leur laboratoire, ni le point final d'une soirée arrosée au Whisky dans un bistrot entre philosophes sur le départ. A l'aube du troisième millénaire, il n'est plus une hypothèse. Il était pressenti depuis longtemps, il fut révélé à Freud par trois simples gadgets comportementaux, les lapsus, les petits oublis et les actes manqués.

ANIMATION FRONTALIERE ENTRE AMBIANCE ET TISSUS

L'expression de l'actualité ambiante passe par la géographie des récepteurs, et va se marier à l'expression du dernier comportement, **ainsi revient à l'ambiance le reflet moteur de l'expression de son actualité**. L'ambiance porte l'expression de son exécution… cette expression va à son tour à la géographie des récepteurs… et c'est reparti pour un tour et parti pour la vie…

De reflets moteurs en expressions ambiantes et d'expressions ambiantes en reflets moteurs, l'expression de la focalisation du comportement s'étoffe et se stratifie chronologiquement devant la géographie des récepteurs d'ambiance. L'épaisseur de sa stratification est celle du temps qui passe… immatérielle.

En mobilisant les revêtements, la tâche des myocytes est double.

Ils mobilisent la géographie des récepteurs qui y siègent et les accommodent face à l'ambiance pour en recevoir l'expression, c'est leur action ou leur comportement informatif… fait matériellement de la contorsion de la géographie des récepteurs devant l'ambiance pour en recueillir les énergies… et fait immatériellement, de la vie de l'expression de la focalisation, recto et verso… un parfum plane, le nez hume.

L'immatérielle vie informative traverse l'espace et le temps. Elle siège sur un champ dont les dimensions sont celles de **l'extraordinaire ambiance cosmique, ramenées à celles de son expression venue aux portes de la géométrie des récepteurs** et dont l'épaisseur est celle de la chronologie de sa stratification. En fait, si dans un moulage, la géographie des récepteurs est le positif, le champ de la vie informative est le négatif, qui embrasse le positif.

La vie informative et toute sa stratification, se marie à l'expression contemporaine de l'actualité motrice, qui colporte le passé… revenant à l'ambiance, elle **s'adresse à ce que déjà elle est devenue**. Et ainsi de suite, tout simplement l'une alimente l'autre et l'autre lui répond, pour toujours jusqu'au jour où l'EEG ne montre plus d'ondulations.

La vie informative, faite de la sédimentation des expressions que lui laissent ses reflets moteurs, se stratifie au rythme tyrannique des 100èmes de secondes.

Et ils mobilisent le milieu ambiant pour que s'échangent les énergies, c'est leur action ou leur comportement interventionniste, fait de l'affrontement de la géographie des revêtements à l'ambiance. La vie interventionniste, se déroulant sur la face ambiante des revêtements, est matérielle et peut apparaître ou laisser des traces, mais est bien provisoire et s'évanouit aussi vite que le présent… un doigt qui traîne, un verre qui tombe.

La vie, informative comme interventionniste, se déroule à la frontière unissant le corps à son environnement, sur la face ambiante des revêtements, au contact de l'ambiance et de ses dérivations viscérale, au contact de l'architecture conjonctive et du milieu circulant... elle est à la frontière du dehors et se situe autour du système nerveux, **devant, derrière, sur les côtés, dessus et dessous... mais pas dedans.**

ESSENCE DE LA VIE

La vie de l'**être** est commencée, faite de la balade de sa focalisation d'une nouveauté à la suivante, de l'expression ambiante et comportementale d'une nouveauté à la suivante, de l'expression de l'établissement d'une relation à la suivante. En bref, **d'une information à la suivante.** L'évidence s'impose, **l'essence de la vie n'est faite ni de la compétence des cellules ni de leur fantaisie.** Bien qu'étant impliquées dans la vie de l'être qui est leur propriétaire, elles n'y jouent constitutionnellement aucun rôle, les neurones pas plus que les autres cellules. **« L'être est conscience ».**

Bonjour hiatus... de la chair à l'esprit... du passage du phénomène physiologique au phénomène psychologique et inversement... de la pensée à l'action... trou noir où la logique se perdait entre l'information et l'acte, entre l'information et la pensée, trou noir temporo-spatial, petit délai occupé par « on ne savait quoi » et se déroulant « on ne savait où ».

La conscience ainsi que son inconscient, base héritée et néostrates provenant de la décantation du conscient, est un phénomène de surface **« à fleur » de peau** et de tous les sens, et à fleur de tous les récepteurs que portent les revêtements, viscéraux, circulatoires et conjonctifs, **son épaisseur est chronologique.** Elle n'attend que d'être percutée par l'information pour relancer le passé. Il est inutile d'espérer qu'un gros événement ne se traduise pas ou plus. Un gros événement est à jamais un gros événement, et il se traduit obligatoirement, même dans des banalités du style « Bonjour » ou « Passe-moi le sel », alors quand survient une bombe du style « Donne-moi ton corps, donne-moi ta vie. », il y a un problème qui se termine mal. Il est également inutile de penser que la personne concernée ne sait plus, elle sait parfaitement mais elle verrouille à mort.

L'expression ambiante du comportement est le recto de l'information, l'expression comportementale de l'ambiance en est son verso, l'un et l'autre sont

l'information. De même, la conscience est le recto de la vie, le comportement en est le verso, l'un et l'autre sont la vie. La conscience est la face intime et secrète de la vie, elle est traduite massivement dans le comportement qui en est la face motrice et publique. Souvent le comportement trahit la conscience et la conscience explique le comportement. Face au monde, un flagrant délit de fauche à la caisse du supermarché fait tomber le masque d'une personne au sourire angélique… Face à soi-même, une bouffée de chaleur révèle la magnitude d'une émotion…

Nous sommes loin des vues historiques sur la fonction cérébrale où chaque relief cachait une tribu de lutins, d'elfes ou de farfadets. Nous sommes loin des vues ultérieures, scolaires et suggérées par la microscopie électronique dominées par les notions d'activation et d'inhibition à l'image des gares ferroviaires jonchées d'aiguillages en mouvement. J'ai le souvenir personnel des « CLANG-CLANG » venant des conduites du chauffage central collectif qui se remettait en marche en pleine nuit, j'imaginais, pendant qu'Agnès dormait, que des sociétés secrètes de Pygmées arrivaient par ces tuyauteries pour nous recharger les batteries du cerveau.

Enfin et en clair, le body-building neuronal et la diététique du cerveau sont des inepties, il ne faut surtout pas imaginer développer ou entretenir son « système nerveux » en faisant des mots-croisés ou en ayant une alimentation riche en phosphore… contrairement au body-building du comportement qui améliore le service rendu par ce « système nerveux », et entretient l'efficience individuelle.

Il en va ainsi de l'**immatérialité de la vie dont la réalité fut démontrée par Freud**, après une date, le corps est le même qu'avant, la vie pourtant peut être bouleversée, mais rien n'apparaît. Il est notable que les strates de la matière portent au présent les marques du passé. Les êtres aussi grandissent, se rident et portent les marques du temps. Mais plus que cela, ils détiennent un pouvoir de rétention du parcours de leur vie. Si leurs traces d'hier sont balayées sur le sol, elles existent et opèrent toujours en eux, ce pouvoir leur permet de déjà percevoir les futures strates de la matière, et les pas qu'ils y feront demain, un demain qui n'est pas encore né. Et le comportement, chargé de ce trajet, anticipe et détache la focalisation vers ses prochains pas. Dans la nuit noire, l'homme qui marche éclaire son trajet avec une lampe-torche. S'il connaît bien le terrain, il éclaire au plus loin.

La géographie des récepteurs reçoit l'expression des trois secteurs de l'ambiance. Et cette géographie se partage en trois secteurs qui auscultent… le secteur universel, la périphérie du cérébré, la terre, l'air, l'eau et le feu, la flore et la faune dont les contemporains, et ses dérivations viscérales, traversée digestive, va-et-vient aérien, chasse urinaire et protection génitale... le <u>secteur circulant</u>, liquide et propulsé... le <u>secteur conjonctif</u>, solide et charpenté. Tous ces paysages bougent, s'écoulent ou stationnent devant les trois régions de cette géographie, se prêtent à la focalisation du comportement, à une cognition, un apprentissage et à l'établissement de relations qui complètent progressivement le champ de la conscience... Effets de ces paysages sur le comportement, effets du comportement sur ces paysages... Le lézard se fait cuire au soleil, l'homme répare sa toiture, le chien est en alerte.

Le passage des énergies par la géographie des récepteurs constitue leur passeport pour l'existence. Dans le panorama des récepteurs intervient le corps lui-même fait d'un équipement tissulaire et d'ambiances. Certaines de ses régions, pour peu que leur expression soit suffisante pour atteindre la géographie des récepteurs d'autres régions de l'organisme auquel elles appartiennent, peuvent être la cible de la focalisation de son comportement, se prêter à une cognition, un apprentissage et à l'établissement de relations qui ajoutent à la stratification du champ de la conscience... Effets de ces **zones ambiantes** du corps sur le comportement, effets du comportement sur ces zones ambiantes... Bébé suce son pouce, le sportif essuie son front, la dame maquille son visage.

Effectivement, une région du corps peut intervenir dans l'ambiance d'une autre région, ce qui permet de commencer son apprentissage. Ainsi le cérébré entrant en contact avec sa propre image acquiert **une représentation de lui-même**.

De l'équipement tissulaire, ne sont susceptibles d'apparaître en tant que zones ambiantes du corps, que des collectivités tissulaires dont l'étendue ou la masse permettent une expression suffisante. Les revêtements faits au moins de quelques dizaines de cellules ou plus et de leur production, s'exposent directement avec l'ambiance, les myocytes qui se présentent en colonies massives galbent les revêtements, les neurones sont discrets.

Bien noter que premièrement, un groupe de deux ou trois cellules est incapable d'une quelconque expression sur la géographie des récepteurs. Le pouvoir séparateur de l'œil humain est d'un dixième de millimètre à trente centimètres de distance, c'est à dire cent microns, ceci ., mais il ne verrait pas une grande cellule de cette taille pour des raisons de contraste.

Et que deuxièmement, celles qui encadrent un récepteur et font sa logette ne sont pas dans son champ.

EXCLUSIONS DE LA RECEPTION

Si la rencontre de certaines pièces anatomiques et finalement d'une bonne partie du corps entier et de ses productions est possible par leur « intervention » ou leur « apparition » en tant que milieu ambiant du reste du corps, les cellules composant les effectifs de l'équipement tissulaire, non plus que le travail que chacune effectue n'ont d'expression. Rien n'est conçu en l'organisme pour percevoir les éléments microscopiques de ces populations ni leur animation, ils seront relégués à l'inexistence, et demeureront exclus du champ de la conscience alors qu'ils en sont le support physique.

• Les cellules de revêtement elles-mêmes, minuscules, ni leurs sécrétions, impondérables, ne sont individuellement susceptibles d'engendrer une expression suffisante pour engager une focalisation de la géométrie des récepteurs qui leur fait face, ni donc une quelconque information...

Ce qui n'est pas le cas des collectivités cellulaires (Bis).

De plus, les deux ou trois cellules de revêtement encadrant un récepteur et formant sa logette ne sont nullement l'objet de son auscultation (Bis). Les récepteurs n'ont aucune vocation à ausculter leur lieu de résidence qui pourtant les soutient, ainsi ces lieux restent-ils orphelins de tout contrôle leur appartenant en propre.

• Ni les myocytes ni leurs contractions n'ont de traduction autre que sur l'expression de l'actualité ambiante, sur son recto et sur son verso, par l'effet collectif de leurs exécutions.

• Ni les neurones ni leurs influx n'ont de système de supervision offrant sur eux un contrôle quel qu'il soit.

L'équipement tissulaire qui constitue pourtant toute la part productrice de la vie de l'organisme n'apparaît pas, seule la manifestation de son existence intervient dans l'ambiance où le comportement dénonce la clandestinité de son créateur. Cette inexistence est constitutionnelle.

Ce fait explique l'évident hiatus assombrissant le passage de l'information à l'action, le passage de l'information à la pensée, et les autres facettes de ce fameux hiatus. Il désignera aussi le paradoxal organe de la « vacuité » des Bouddhistes dans lequel le plaisir se transforme en désir et convoitise, et dans lequel la douleur se transforme en amertume et haine, bouillonnements grandissant strictement sans essence. De même, il lève le voile sur la réalité du « petit vélo qui nous tourne dans la tête ».

Et il explique aussi pourquoi ni les mélanocytes, ni les myocytes du deltoïde, ni les fibres d'un trajet réflexe n'ont d'existence alors que sont si évidents un bronzage, la fermeté d'une épaule ou la vivacité d'un tressaillement.

SERMON POUR UN PEU DE REALISME

Si l'équipement tissulaire ne possède pas d'expression, il manifeste sa réalité par la production du comportement et de la vie. Cette manifestation se fait dans l'anonymat total des individus de sa population, ce qui prête à spéculation. C'est le vif de notre sujet. Même les peu discernant imaginent bien qu'il faut un producteur à leur comportement. Puisque **ce producteur « n'apparaît pas »**, pourquoi ne serait-il pas une magie ?

Les mystiques additionnent à l'anatomie un espace éthérique parcouru par des ondes. Les religieux doublent la chair d'une âme céleste. Les penseurs voient la tête assiégée par un halo vaporeux dont ils indiquent les turbulences en faisant danser leurs doigts autour du crâne. Descartes, bâillonné par le clergé, a désigné du doigt le cerveau comme sanctuaire de la vie. Et à sa suite, les médecins, les neurologues et les neurophysiologistes, lui ont emboîté le pas, ils ont décrit l'encéphale comme une administration, ensemble de colonies, de circuits, de médiateurs. La recherche d'aujourd'hui, prisonnière de sa croyance en l'hypothèse magistrale, scrute la membrane des neurones. En attendant un résultat de cette chasse à l'affût, elle les filme au grand ralenti pour synthétiser leur carrière et mieux faire connaissance. Et votre serviteur donne sa version.

Attention, l'attitude très en vogue de longue date qui se fonde sur une interprétation bipolaire de la vie, faite d'un corps habité d'un esprit, berce tous ses adeptes dans l'illusion d'un jour pouvoir trouver des liens qui unissent l'un à l'autre. **J'insiste de toutes mes forces**, l'union du corps et de l'esprit n'est qu'une dernière façon de se tromper dans l'interprétation de la vie. L'unité, ce n'est pas cela, **l'unité, c'est l'unité**...

Il est clair que, comme tout le monde, je ne pouvais que refuser les croyances qui chargent un volume atmosphérique imaginaire de ce qui n'est pas compris du corps et qui pourrait ne pas en provenir. Et, comme tout le monde, je réfute toute théorie prétendant que la vie d'un être n'est faite que de celle de son cerveau, de ses colonies, de ses neurones. En son temps, Descartes eut le génie et le courage d'intégrer la raison au corps, allant contre la croyance qui prêchait pour sa consistance vaporeuse. Sa cible fut le bel encéphale, interprété comme un ensemble de bureaux de transit.

Quatrième partie

Embarquement pour la néologique

« Esserologie »

LA CONSCIENCE

L'organisme produit le comportement,
le comportement établit la relation,
la relation promène la focalisation,
la balade de cette focalisation constitue la vie.

La conscience, la grande, la vraie, la belle, l'unique, est l'ensemble des expressions ambiantes passant dans le comportement, face à une nouveauté, situation d'un instant, d'une époque ou d'une vie… un coup de frein et un coup de volant. Ou, corollaire, l'ensemble des expressions comportementales que porte l'ambiance dans cet événement… des traces de pneus et la position de la voiture.

Concernant un instant, la conscience est ponctuelle, elle est partielle concernant une époque, et concernant toute la vie, elle est totale.

La conscience vagabonde de nouveautés en nouveautés, elle se charge et même se surcharge. C'est la dure loi de la persistance des expressions, lumineuses ou sonores, amoureuses ou douloureuses, nommées «impressions» sous le règne du « cerveau orchestrateur de la vie ». C'est d'un comportement d'éviction de l'information que résulteront sa décongestion et l'épuisement des persistances qui l'embarrassent : divertissements, jeux, loisirs, vacances, repos, sommeil.

La conscience appartient au champ de la conscience. Elle a droit elle-même à sa propre traduction, c'est la conscience au second degré… permettant son examen, et le rappel de "l'inconscient", enseveli, classé, oublié, maquillé ou interdit. La conscience de cette dernière est un troisième degré… qui lance une course qui pourrait être un jeu à l'infini derrière sa propre conscience mais qui s'arrête vite car le temps de retard constitutionnel tenant au hiatus est décidément bien irrattrapable.

L'être est un organisme harnaché d'une conscience. Il se promène de nouveautés en nouveautés au gré de la focalisation de son comportement. Les marques laissées par les nouveautés passées imprègnent sa dynamique pendant, comme l'aurait dit Fernand Raynaud, un certain temps, brièvement, durablement, ou définitivement. En tout cas, quand la nuit arrive, elle est teintée par le vécu d'avant, et le réveil aussi.

La partie que chacun jouera avec les cartes qui lui sont distribuées, selon cette règle du jeu commune à tous, avec les moyens hérités puis acquis dont il dispose, constituera sa vie. L'organisation du champ de la conscience «est» et «fait» la vie d'un être. Avec le temps le champ de la conscience se couvre de nouvelles strates qui «retapissent» sa surface, et les paléostrates sont noyées sous les néostrates.

« LA BOUCLE » et « LES BOUCLES »

La boucle qui part de l'ambiance, passe par les récepteurs, va à la trame neuronale par les nerfs sensitifs et en sort par les nerfs moteurs, atteint les synapses motrices et les myocytes, puis revient par les revêtements à l'ambiance, pourrait se nommer par dérision "trajet de la **réaction psychologique**".

Il existe, si l'on veut tout fractionner, la boucle oculaire, la boucle auditive, tactile, etc... une boucle suit l'autre, toutes se cumulent et font une drôle de spirale, la vie.

L'engagement d'un élément ponctuel dans cette boucle donne lieu à ce qui pourrait être nommé "**réaction psychologique élémentaire**", elle est l'unité fondamentale de la vie. Les battements irrépressibles de nos yeux vers l'avant du train, lorsque le paysage défile devant nous, en sont un exemple représentatif.

L'engagement dans cette boucle de l'infinie diversité des points qui dansent dans l'ambiance chevauchant la foule des instants qui se succèdent, donne lieu à ce qui pourrait être nommé "**réaction psychologique globale**", elle est l'unité appliquée de la vie. Un chien qui piste un lapin par le flair en est un exemple.

Tels sont les aspects d'un phénomène unique qui fera toutes les minutes de la vie de tous.

Et comme le dit Philippe Bouvard, « A l'autopsie, il n'en resterait rien ».

Le comportement traduit la conscience, et bien sûr, la conscience justifie le comportement. L'une est l'aspect secret de l'autre qui, lui, en est l'aspect manifeste, mais le comportement et la conscience, c'est pareil (Bis). L'une est la face intime de la vie, trahie face au monde par le comportement, comme la gourmandise, et l'autre est la face publique de la vie justifiée face à soi-même par la conscience, comme deux barres de chocolat dans la bouche. Cette équation toute simple et claire nous vaut des spectacles télévisés saisissants où se produisent des psychologues qui, sans jamais se décoiffer, expliquent l'idée irréaliste et trouble qu'ils se sont fait de tout cela par des mouvements convulsifs des membres supérieurs autour de leur tête.

CONTRAINTE A VIVRE

L'organisme convertit l'information dans les faits, les faits sont l'objet de l'information et du comportement suivant. La vie est le fruit de cette promenade dans le temps, elle s'impose à l'être qui est contraint à la vivre. Chacun des comportements destine à une suite **avec une pertinence héritée puis acquise qui dicte sa loi**. La vie ne se pratique que dans ce sens, aucune structure ne permet d'y échapper ou de refaire le chemin à l'envers pour quitter ce bas monde aussi innocemment qu'on y est venu.

La mort est quelques fois très désirée, mais le vieillard et le cancéreux voient leur vie persister. Au contraire, la faucille qui devrait laisser les gens en paix, arrive souvent en avance (« c'est déjà moi qui suis en retard » de Jacques Brel). La vie est motorisée par le temps. A partir du moment où l'on est né, la seule façon d'échapper à la vie est la mort. **Tout est conçu en nous pour vivre, rien ne l'est pour mourir**. La mort est toujours un drame. Du moindre comportement élémentaire à l'investissement total de sa vie dans un combat pour sa propre sauvegarde, ici-bas, il s'agit de vivre et de ne pas mourir. Tous nos comportements nous destinent à une suite, aucun n'est livré au hasard.

C'est la loi, l'ambiance s'impose et la pertinence suit. C'est sous cette contrainte à vivre qu'un homme mènera son auto sur 100 000 km sans faire le moindre écart vers le bas-côté, qu'il devra se suicider pour stopper sa souffrance, que tout être se bat pour défendre les siens, que nous sommes les témoins de notre propre sélection naturelle par incompatibilité avec une suite et décès, arrêtant l'épisode et sa dernière séquence.

Les comportements se succèdent, les comportements successeurs colportent les comportements prédécesseurs. Et ainsi sans aucun mystère, après des années d'interruption, celui qui a nagé, fait du vélo et dansé, lu, compté et deviné, mangé, bu et **fumé**, aimé, protégé et adulé, haï, insulté et brutalisé, n'aura aucun problème pour s'y remettre au quart de tour.

La cognition, l'apprentissage, la persistance, puis la rétention et l'anticipation, donnent aux récepteurs d'ambiance leur rôle dans l'élaboration du champ de la conscience. Ce champ se garnit, avec le temps, de strates nouvelles, néostrates rafraichissant les archéo et paléostrates, faites des expressions comportementales de l'ambiance et des expressions ambiantes du comportement. Si d'aventure le champ de la conscience pouvait se matérialiser un jour, je crois qu'il ressemblerait à ces

69

maisons éventrées par une grue, lorsqu'un quartier est en réfection. Y sont apparentes toutes les couches des tapisseries posées depuis le dernier siècle, de vieux meubles restés sur place et sacrifiés, des cadres, des photos et la trace de toutes les vies qui ont vécu dedans.

Cinquième partie

Conversion de la Vie Physique

à l'Immatérialité

ACQUISITION DES HORIZONS AMBIANTS

La vie d'un être est une balade de la focalisation de son comportement d'une nouveauté à une autre, et donc sa balade d'une expression de son actualité ambiante à une autre, recto et verso. Au total et simplement, **la vie qu'un être vit de ses yeux est sa balade d'une information à une autre**.

La focalisation donne aux récepteurs d'ambiance leur rôle dans la découverte de ce voyage, dans sa <u>cognition</u>, dans son <u>apprentissage</u>... dans l'accès à sa connaissance.

Face à leur horizon ambiant, les récepteurs délivrent une expression, celle-ci passe dans le comportement, et le comportement retourne de cette expression un reflet moteur à l'ambiance... L'ambiance le reçoit, et porte l'expression de son exécution... etc... etc... etc...
Ce faisant, des nouveautés, plus ou moins nouvelles, apparaissent dans l'ambiance font trébucher le comportement, appellent sa focalisation et se prêtent à l'information, c'est parti pour un tour et parti pour la vie.

Face au milieu conjonctif et particulièrement d'une part face à la trame tendineuse sur laquelle tirent des myocytes, et d'autre part face à la fibre ligamentaire qui attache les segments du squelette les uns aux autres, des récepteurs sensibles à leur tension délivrent une expression qui passe dans le comportement... ainsi le reflet moteur de cette expression intervient dans l'ambiance et participe à l'expression de son actualité. Quand la focalisation est accrochée par l'expression conjonctive de l'actualité, elle en reçoit l'**information locomotrice**... sensations de contraction musculaire, indications du positionnement d'un segment par rapport à l'autre qui lui est relié... impressions de puissance, de traction exercée, de pression ou de résistance... toutes informations fondant une suite.

Toute la vie de l'appareil locomoteur est dominée par un apprentissage dynamique des **possibilités qu'offrent le squelette, ses jointures et sa musculature**, souplesse, force, tenue, rapidité, tout le monde a appris à marcher puis a pratiqué des exercices physiques.

Par contre, et nous l'avons tous remarqué pendant la sieste, à force d'immobilité, nous finissons par ne plus savoir comment sont positionnés nos membres.

Face au milieu circulant, charriant l'eau, le sel et les énergies, des récepteurs sensibles à leur « pression partielle » délivrent une expression qui passe dans le comportement... ainsi le reflet moteur de cette expression intervient dans l'ambiance et participe à l'expression de son actualité. Quand la focalisation s'arrête sur l'expression circulante de l'actualité, elle en reçoit l'**information chimique**... oxygénation, sucrage, hydratation, acidité... informations menant à des réactions respiratoires, essoufflement ou calme, digestives, fringale, soif ou satiété, et urinaires, oligurie, polyurie, etc.

Face aux dérivations viscérales du milieu ambiant universel, lumières des voies respiratoires, digestives, urinaires et sexuelles, les récepteurs sollicités délivrent une expression qui passe dans le comportement... ainsi le reflet moteur de cette expression intervient dans l'ambiance et participe à l'expression de son actualité. Quand la focalisation vient sur l'expression viscérale de l'actualité, elle en reçoit l'**information domestique**... sensations de remplissage et de plénitude des cavités, puis de vidange et de vacuité... Informations qui invitent à gonfler les poumons et souffler la bougie, mettre en bouche et déglutir, se remplir l'estomac et digérer, baisser le pantalon et vider les cloaques, attendre quelque peu et aller à l'orgasme.

Le système nerveux est un ensemble homogène et indivisible. L'aval du classique système nerveux autonome ne réagit pas moins à la "demande" que celui du système nerveux central. Les ados font des concours de prout's et les comédiens pleurent sur commande. Quoi qu'il en soit, le tissu nerveux, bien que manifestant son essence par la production du comportement et en fin de compte son effet sur l'ambiance, est lui-même parfaitement occulte. Ainsi le cérébré n'aura jamais à faire qu'à une ambiance et à un comportement dont il ne sait pas d'où il sort, mais qu'il essaye et affûte tout au long de sa vie. Ainsi après nombre d'essais, tout à coup, miraculeusement, l'oisillon se lance dans les airs, l'enfant se lance sur son vélo, le jeune homme fait face à sa belle.

Face au secteur périphérique du milieu ambiant universel, à ses éléments, la terre, l'eau et le feu, à sa faune et à sa flore, et face à sa tribu, les récepteurs - récepteurs tactiles de la peau, photorécepteurs des yeux, récepteurs des vibrations sonores, récepteurs de niveau des canaux semi-circulaires, récepteurs du goût et de l'odorat, récepteurs sexuels et récepteurs anorectaux - délivrent une expression qui passe dans le comportement... ainsi le reflet moteur de cette expression intervient dans l'ambiance et participe à l'expression de son actualité. Quand la focalisation arrive sur l'expression périphérique de l'actualité, elle en reçoit une **information stratégique**... renseignements sur la position parmi les composants du monde... informations qui permettent les comportements rationnels qui s'ensuivront, la posture, l'équilibre, le rapprochement, l'éloignement, le cri.

Face aux divers secteurs ambiants, la sollicitation des récepteurs thermo-algésiques délivre une expression qui passe dans le comportement... ainsi le reflet moteur de cette expression intervient dans l'ambiance et participe à l'expression de son actualité. Quand la focalisation passe sur l'expression de la dangerosité de l'actualité, elle en reçoit des **indications de température et d'agression**... informations engageant des comportements de poursuite ou de retrait.

Quoiqu'il en soit, comme c'est le cas pour la sensibilité à l'humidité qui, elle, ne possède pas de récepteurs propres, **rien de la conscience et des connaissances ne s'envisage sans passage par la cognition et l'apprentissage**.

Votre serviteur se souvient de son voisin Jo qui chaque matin à sept heures, avec un groupe d'amis, va se baigner en mer... en toute saison, été comme hiver. En janvier, la température de la Méditerranée est de onze degrés. Il faut entrer dans l'eau, ceci est une véritable discipline, puis aller aux bouées des trois cents mètres, faire un trajet, sentir le froid investir le corps et alors, revenir. Il dit qu'ensuite, il éprouve une sensation formidable, il "ne sent plus son corps", il est libre... Bref, descendre dans une eau à onze degrés tous les matins dans une dignité calme et les traits souriants ne s'invente pas.

Il a aussi le souvenir d'une matinée passée à l'écoute de RMC qui recevait Micheline Dax et Gilbert Montagné. Le chanteur parlait d'une façon débridée de sa condition d'aveugle et il expliquait qu'il sentait la présence d'une personne dans une pièce et qu'en quelque sorte, il voyait par sa peau. L'ambiance était bon-enfant et le rire de chaque instant. Micheline Dax lui demanda s'il pouvait faire la différence entre une femme et un homme, et sa réponse fut "oui". Puis elle lui demanda s'il pourrait différencier une brune d'une blonde et sa réponse fut "non". Alors Micheline Dax tonitrua : "Alors en plus, t'es daltonien?", fou rire général et conclusion de l'émission.

Toute **activité informative**, regarder, écouter, etc., toute **activité interventionniste**, agir, parler, etc., ou toute **passivité informative**, voir, entendre, etc., toute **passivité interventionniste**, subir, recevoir, etc., tout ce qui est imaginable, tout ce que vous imaginez et tout ce que tout le monde imagine, ne passera dans les faits que par la cognition puis l'apprentissage, sans exception, même pas celle qui confirme la règle. **Et finalement, c'est l'être et non son cerveau qui a de fabuleuses facultés d'adaptation aux situations les plus cocasses.**

Alors que l'organisme et le comportement sont du domaine matériel, choses et faits "physiques", son entrée en relation avec l'ambiance est une **sublimation***, au sens physique du terme, qui désigne le passage direct d'un corps de sa phase solide à sa phase gazeuse*. Et la vie se déroule dans le domaine immatériel, celui des choses et faits « psychologiques ».

* Par exemple lorsque la température reste sous 0°C, la glace se transforme en vapeur sans passer par sa phase aqueuse.

CAS DE L'ACCES A LA MUSCULATURE

Les myocytes, qu'ils soient envisagés individuellement ou par unités motrices, n'ont pas plus que les cellules des revêtements ni les neurones, droit à une expression propre. Leur « expression de l'exécution du comportement » est la traduction de leur obéissance au passé et non une information. Ils sont donc relégués à la clandestinité.

Par contre, de dessous et sans discrétion, ils tirent sur les revêtements et à travers eux, sur le milieu ambiant, ainsi ils se manifestent. Premièrement, les tendons appartiennent à l'ambiance conjonctive, deuxièmement les « poids et haltères » appartiennent à l'ambiance périphérique, les uns et les autres s'offrent à la réception ambiante, leur expression passe dans le comportement et celui-là en apporte le reflet moteur aux divers secteurs de l'ambiance, donc les fait venir dans l'expression ambiante de l'actualité. La focalisation en balade sur cette expression ambiante de l'actualité, vise les uns et les autres, en reçoit une information mécanique, et engage la cognition puis l'apprentissage et la « pratique de la musculature »... Menant éventuellement à la « pratique de la musculation ».

La notion de contraction et de force musculaire naît de la rencontre de l'expression de la tension ligamentaire et de l'expression du travail exécuté, réel ou fictif. Mais c'est dans l'ignorance totale des myocytes du deltoïde et au mépris total du travail des antagonistes délaissés par la focalisation que le galbe de l'épaule sera contemplé.

Tout le monde a appris à détendre et étirer son corps, tout le monde a appris à jouer avec lui, l'un s'amuse à loucher, l'autre tape ses pieds par terre, et le troisième prend son pouls.

Il n'a pas échappé à votre serviteur qu'après avoir contemplé, côté filles, Nadia Comaneci ou Lara Croft, et côté garçons, Arnold Schwarzenegger ou Sylvester Stallone, il s'est surpris à se comparer à elles ou eux, étant à deux doigts d'estimer qu'il possédait une musculature suffisante pour les cas graves, alors qu'il n'avait comme chair que du fromage blanc. Il ne lui resta pour rêver son film ou ses règlements de compte que l'envie d'emprunter leur personne le temps d'un petit somme.

CAS DE L'ACCES AUX ZONES AMBIANTES DES REVETEMENTS

Par ailleurs, **certaines régions des revêtements entrent dans le panorama ambiant d'autres régions**. Elles se présentent à leurs récepteurs et s'offrent alors à une expression. Cette expression passe dans le comportement et celui-ci en apporte le reflet moteur à tous les secteurs de l'ambiance. Quand la balade de la focalisation sur l'expression ambiante de l'actualité s'arrête sur certaines de ces pièces de l'anatomie, elle en reçoit une information qui prête à cognition et apprentissage... Ce à quoi, par nature, elles n'avaient pas eu droit. Effectivement un récepteur d'ambiance n'a pas mission d'ausculter son propre site, fait des deux ou trois cellules qui l'encadrent.

Le spectacle des ZAR permet à un être d'accéder à son propre corps. Il en va ainsi de l'apprentissage de l'apparence de ses surfaces, intéressantes à découvrir, agréables à soigner, à caresser, à bronzer et à maquiller... Les mélanocytes, eux, seront à jamais relégués à l'inexistence.

Chacun profite du spectacle de sa propre personne sise dans son ambiance, outre le narcissisme auquel il soumet, il permet de comparer les diverses expressions acquises à la réalité, vérifications très souvent surprenantes et pas toujours dans le bon sens. Il en va ainsi de la cosmétologie, de la manipulation d'un miroir à deux faces et de la découverte de son profil, du discours, d'un enregistrement par magnétophone et de la découverte de sa voix, de la tenue vestimentaire, du choix d'un pantalon et de la découverte de son tour de taille. Bien sûr, les os propres du nez, le larynx et le périmètre abdominal restent à l'inexistence... comme le nævus qui est dans le dos.

Ceci est notable après avoir ouvert le courrier ou gratté les autocollants du pare-brise à la lame de rasoir. D'abord la surprise est de tout salir, puis que tout devienne rouge. Un regard circulaire va détecter la source d'hémoglobine, en général une infime coupure. Alors en prêtant attention à cette plaie, elle se met à exister et devient douloureuse. Il en est ainsi avec toute cognition, ici, celle de la douleur, qui capte la focalisation du comportement et occulte la seconde plaie qui, du coup, ne fait pas encore mal.

Sixième partie

Navigation dans la Vie Mentale

Les éléments cellulaires, cellules de revêtement, neurones et myocytes équipant l'organisme, non plus que leur travail, chimique ou physique, mécanique ou électrique, ne possèdent d'expression, ils sont exclus du champ de la conscience. **Cette inexistence est constitutionnelle** (Cf. page 60).

Ainsi, l'appareil producteur du comportement demeure clandestin alors que le comportement qu'il produit est manifeste... D'où un hiatus, sujet d'études partout sur le globe et sujet de conversation interminable à la veillée dans toutes les chaumières du monde.

Les éléments qui, bien qu'appartenant à l'ambiance ou aux zones ambiantes du corps, n'ont pas fait, pour quelque raison imaginable que ce soit, l'objet d'une cognition, n'existent pas. **Cette inexistence est éducationnelle.**

Ainsi les microbes qui nous squattent, la pollution et la déforestation amazonienne. Et aussi tous les éléments trop petits, éloignés ou neutres pour engager une quelconque expression, un quelconque reflet moteur, une quelconque cognition, un quelconque apprentissage.

Les éléments qui, bien qu'appartenant à l'ambiance et possédant une expression sur le champ de la conscience, n'y apparaissent pas, n'existent pas. **Cette inexistence est situationnelle.**

Ainsi tous les drames, agressions et accidents renvoyés à leur inexistence d'avant, par occultation, déguisement, enlisement, dénégation.

LES FACULTES

L'**activité utile** s'adresse à l'actualité avec un résultat perfectible.

La **praxie** est un comportement dominé par l'affrontement à la matière, avec ou sans outils, prolongeant le corps et ses revêtements. La frontière avec l'ambiance est repoussée. La focalisation se fixe entre l'archet et le violon, entre la veste et le froid, entre le fil du couteau et le bois, entre le fer du patin et la glace de la piste, entre l'ongle et la piqûre de moustique, la flamme de bougie et le fond de la cave, le pinceau et la toile, la gomme et le macadam.

Lorsqu'on met des chaussettes à un chien, il est privé de la sensation de quitter le sol en levant chaque patte pour marcher et se déplace tout à coup comme un cabri.

La **mnésie** est un comportement dominé par le rappel du passé, avec ou sans mouvements, ou ébauches de mouvements, alors que rien ne l'évoque clairement dans la situation, ni le plafond, ni l'obscurité. Elle s'intègre à l'action, lever le pied pour passer un trottoir, taper un code, déclamer un texte, se le rappeler en lisant intimement les pages imprimées sur le champ de sa conscience et même en marmonnant, ou donnant de la voix et en gesticulant pour le bon déroulé de choses apprises par cœur.

Le célèbre artiste de la Comédie Française, Jean Piat, dit que les gens de théâtre savent qu'ils possèdent leur texte « quand ils l'ont dans les jambes ».

Un contraire de cet ordre de chose est l'oubli... Les « petits oublis » décrits par Freud avec les lapsus et les actes manqués, sont un fait exprès et situationnel, et pire encore pour les gros oublis.

Les cartésiens expliquent sans l'ombre d'un fondement, mais sans hésitation ni scrupule, la différence du résultat que donnent un bachotage hâtif et un travail soutenu, par un double mécanisme de la mémoire empruntant des circuits cérébraux différents, soit celui de la mémoire à court terme, soit celui de la mémoire à long terme. Votre serviteur préfère reprendre l'expression de son ami Christian, « somatiser quelque chose »... Une nouveauté a priori neutre, terne et fade, vient s'imposer dans le champ de la conscience par un apprentissage, le destin de sa lisibilité dépendra de la mission qui lui est attribuée. Son étude pour la recracher à un examen ou son étude pour bien la connaître ne sont pas l'objet de la même quantité de travail, ne laissent pas la même empreinte sur le champ de la conscience, ni la même lisibilité et donc ne prête pas à la même reproductibilité à distance. Mais il n'y a qu'une règle du jeu neuronale et les circuits de la mémoire sont un délire de psychologue.

L'**intellection** est un comportement dominé par le traitement de l'abstraction, avec ou sans les chiffres, avec ou sans raisons. La mathématique, la philosophie, la stratégie, contemplatives et silencieuses, ou frénétiques et infernales, tout commence par la formulation d'un problème, tout finit, après résolution, par les preuves, car l'intime conviction est un sentiment qui appartient aux pages suivantes.

Le sixième sens, l'intuition, certaines performances dignes d'un spectacle de cabaret ou d'un concours pour les hautes études, ne sont qu'une façon particulièrement agile de résoudre les problèmes en passant sur leur évolution à la vitesse grand V.

Chaque instant de la vie associe ces trois aspects de la réponse aux nécessités. N'est-il pas arrivé à chacun, qui met un pied devant l'autre pour avancer, de marmonner sa liste de commissions en comptant ses sous ? La vie va et enrichit le champ de la conscience de toutes ses expressions, et ces expressions enrichissent la vie. Ces expressions, la vie et la conscience ne sont que des facettes de l'être, un et unique, qui s'exprime par le comportement.

L'affrontement à l'actualité est le versant « utile » de l'activité d'un être, le travail de sa réalité en est la « pratique », le travail de son absence en est la « mémoire » et le travail de son abstraction en est l'« intelligence ». Il en était question sur notre continent depuis l'antiquité, Descartes avait logé l'esprit dans le cerveau, nos jeunes années furent suspendues au fameux Quotient Intellectuel. A l'aube du troisième millénaire, le Philosophe BHL a déclaré : « Ce millénaire sera celui de l'esprit ou ne sera pas ».

L'**activité parasite** répond à l'actualité de façon injustifiable.

A la suite de Descartes, les Romantiques ont restitué aux êtres leur affect en le logeant dans leur boîte crânienne, avec leurs idées. Avant eux, l'affect se résumait à l'Amour de Dieu, donc à l'âme, croyance à ne pas contredire sous peine d'être poursuivi pour éréthisme. Maintenant les psychologues nous suspendent au Quotient Emotionnel.

Se fondant sur de vieilles strates du curriculum, cette faculté permet la coloration de la vie par des « dispositions et des états d'âme » en harmonie avec les trois temps de la conjugaison, **passé, présent, futur**.

Le comportement, alors que son utilité s'adresse à l'actualité, présente des perturbations dont l'opportunité déconcerte, c'est le comportement parasite. Le total constitue l'expression du corps dans l'actualité. « Certaines » strates illisibles du champ de la conscience, strates anciennes et historiques, ou même héritées primitives et archaïques, sont insidieusement concernées par « certains » éléments de l'actualité. **Le comportement empreint des expressions de ces éléments leur répond maintenant comme il le fit jadis… avec une incohérence aujourd'hui injustifiable.**

Tout le monde a connu cela, en passant un examen, en tombant amoureux ou en ayant une déception. Le parasitage pourrait se coter de 1 à 9 sur l'échelle de Richter, en termes de **magnitude**. Il est notable que pour avancer, il faut écarter les comportements parasites que l'on subit pourtant toute sa vie, qui donnent des ailes ou torpillent, balancent d'un extrême à l'autre les performances et entravent l'activité utile. Rire et pleurer sont le signe d'une faiblesse et même d'un gâtisme, l'inexpression du chat symbolise la force.

La focalisation en alerte, erre sans comprendre ce que cet ascenseur peut bien avoir pour effrayer ainsi, ce que cet animal, ce que ce chocolat, ce que ce personnage, peuvent bien avoir pour attirer ainsi, pour réjouir ainsi, pour refouler ainsi. Et elle n'est pas accrochée par aucun indice tenant à la situation actuelle, pas plus que par quoi que ce soit, recherché dans le passé, révolu et enfoui, d'ailleurs, peut-être n'avions-nous pas les mots ou les codes pour permettre le souvenir. Bref, **ces êtres et ces choses-là ne sont en rien responsables de l'extravagance du vécu actuel**, c'est la première fois que nous les croisons et elles ne nous ont jamais concernés en quoi que ce soit. Ce pourrait être un vomi, des eaux profondes, l'avion, l'école, ou à l'opposé, ce pourrait être un thème agréable, ce pourrait être aussi un candidat politique plutôt que l'autre aux prochaines élections.

Le temps dont il est question

Ainsi que la plus petite fraction de matière est la molécule, la plus petite fraction de temps est le délai d'un mariage neuronal à un autre, ou d'une réception à une autre, ou d'un comportement à l'autre, bref, l'instant. Comme pour les molécules, il y a différentes tailles d'instants, mais quoi qu'il en soit, les deux ont une consistance, matérielle pour les unes, immatérielle pour les autres. Il y a donc la molécule, et il y a l'instant. Et ceci ne doit pas être confondu avec des points, bornes sur un parcours matériel, dates sur un parcours temporel qui elles, n'ont pas de consistance. Si bien qu'un instant d'une séquence, quand bien même est-il l'instant présent, en est une division et non pas une date. Il en va ainsi de la quantification du temps.

D'abord la conjugaison des temps

Chaque séquence de la vie se déroule sous le feu de l'action, informative puis interventionniste, et débouche sur la séquence suivante qui est sa sanction, son point final mais aussi son futur, opportun ou fâcheux, toujours hasardeux. Ainsi, chaque instant de la vie comble le passé de son information, contraint le présent à l'intervention et expose à l'expression naissante de l'instant prochain, expression de son terme autant que de son but. Tout se télescope et engendre le comportement qui, dans la rigueur de son anticipation, projette ces trois temps sur l'avenir. Tous les épisodes et toutes les périodes de toute la vie seront menés sous la pression de ces trois temps, qui, ressurgissant du passé sous l'effet du présent, viendront conditionner et colorer le futur.

```
        Passé      Présent        Futur

        Info.      Interv.

--------/--------------------------/-------------------------/------
        Laps  1              Laps suivant
```

Le laps suivant est le futur du laps 1, lorsqu'il survient, le futur du laps 1 est terminé.

Puis la concordance des temps

Jadis fut d'un abord caressant ou cruel, d'un parcours aisé ou contraignant et d'une fin généreuse ou ingrate. Jadis a engendré le plaisir ou la douleur, la fraicheur ou la fatigue et finalement la satisfaction ou la déception. Ensuite, **jadis revient** et d'emblée ce sont la quiétude ou la peur, la vigueur ou la lassitude et l'enthousiasme ou la résignation. Aujourd'hui, **alors que jadis n'est pas en vue**, ce sont la paix ou l'anxiété, la liberté ou l'impotence, l'élan ou l'indifférence.

Jaillissement des dispositions en perspective d'un épisode :

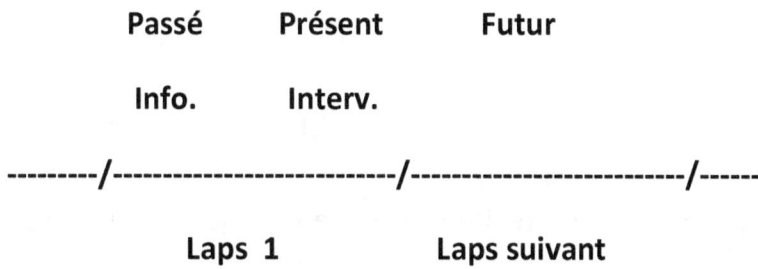

	Evénement	Actualité	Imminence	Attente
Abord	caressant ou cruel	plaisir ou douleur	quiétude ou peur	paix ou anxiété
Parcours	aisé ou contraignant	fraicheur ou fatigue	vigueur ou lassitude	liberté ou impotence
Fin	généreuse ou ingrate	satisfaction ou déception	enthousiasme ou résignation	élan ou indifférence

Et en plein magasin tout à coup l'envie s'effondre, le tonus se distord, l'angoisse monte, adieu sérénité, rien ne va plus, la motivation tombe, la volonté se détourne, il faut s'enfuir, fumer une cigarette pour retrouver le calme, récupérer la forme, revenir dans la joie.

Le vocabulaire s'enrichit et se complique désormais. Il faudra y mettre un peu du sien pour s'entendre à mi-mot sur les définitions, et ne pas tomber dans le piège de palabres interminables et stériles. Ainsi l'envie ou le désir sont un élan teinté d'espoir ... et puis la volonté, la fameuse volonté qui vient de l'intérieur, elle supplée à l'envie et même va contre elle, alors que la motivation nous vient de l'extérieur. Bref, **toute une terminologie** romanesque se retrouve et **nous renvoie en cuisine**.

Qu'un être soit en plein fou-rire ou fou de chagrin, son comportement et sa mimique sont comparables.

Un coup de cœur et un coup de colère sont des réactions provisoires abusives, atteignant des sommets psychiatriques, faits de débordements injustifiables de l'enthousiasme, de la vigueur et de la sérénité face à une satisfaction, ou face à une déception.

Et maintenant : « Le Psy nouveau est arrivé »

Dans le cas de l'actualité, l'objet du ressenti est manifeste. Dans le cas de l'imminence, il est définissable. Dans le cas d'un avenir indéterminé, il ne l'est par contre pas, bien que, statistiquement, il soit certain qu'il revienne un jour.

La concordance des temps frôle le **paradoxe** en respectant la chronologie d'une histoire. Son début conduisant à l'avenir, est avalée par le passé. Son parcours, lui, se déroule au présent, le poursuit et bouge tout le temps. Et, alors qu'elle ferme le temps, sa fin est une issue ouvrant au futur.

Une caresse ou une blessure, puis le plaisir ou la douleur, la quiétude ou la peur, et la paix ou l'anxiété qui s'ensuivent se conjuguent au **passé**. La caresse et la blessure lui appartiennent, elles laissent leurs marques. Le plaisir ou la douleur, la quiétude ou la peur et la paix ou l'angoisse s'apparentent au passé car ils sont des réponses à une introduction, abord d'une actualité en cours, abord d'une imminence identifiée ou abord d'un avenir indéfini.

Un repos ou un travail, puis la fraicheur ou la fatigue, la vigueur ou la lassitude, et la liberté ou l'impotence qui s'ensuivent se conjuguent au **présent**. Le repos et le travail lui appartiennent, ils constituent des échanges. La fraicheur ou la fatigue, la vigueur ou la lassitude et la liberté ou l'impotence s'apparentent au présent car elles sont des réponses à un développement, parcours d'une actualité en cours, parcours d'une imminence identifiée ou parcours d'un avenir indéfini.

Une récompense ou une injustice, puis la satisfaction ou la déception, l'enthousiasme ou la résignation et l'élan ou l'indifférence qui s'ensuivent se conjuguent au **futur**. La récompense et l''injustice lui appartiennent, elles relancent le temps ou le suspendent. La satisfaction ou la déception, l'enthousiasme ou la résignation et l'élan ou l'indifférence s'apparentent au futur car ils sont des réponses à une conclusion, fin d'une actualité en cours, fin d'une imminence identifiée ou d'un avenir indéfini… et début d'une nouvelle ère.

La vie est faite de tous **les cocktails** possibles et imaginables, fatigue d'avoir mal, angoisse d'être déçu, douleur d'une injustice, etc… Et de tous **les combles**, heureux d'être heureux, peur d'avoir peur, fatigué de ne rien faire, etc.

La vie, côté matériel, côté immatériel… et côté bureau des plaintes

Le champ de la conscience, faisant face à la géographie des récepteurs d'ambiance, est fait de toutes les strates chronologiques que dépose un monde auquel réponse sera donnée du tac au tac par le comportement, après mariage des expressions de l'actualité. Les trois temps de la conjugaison s'y côtoient à tous les niveaux, devant chacune des trois ambiances.

Le passé porte les plaies, toutes les plaies. Elles ont labouré le champ de la conscience à jamais et ont handicapé le comportement. Ces plaies sont celles des tissus, de « la peau » ou « du corps », et sont celles de la relation, de « l'âme », « du cœur » ou de « l'esprit ». Cicatrisées, encore béantes ou toutes fraîches, elles ne sont pas moins douloureuses les unes que les autres car elles ne sont fondamentalement pas différentes.

Le présent porte les contraintes, toutes les contraintes, elles sont de chaque instant, elles congestionnent le champ de la conscience et le comportement. Ces contraintes sont celles « du corps », du système musculaire, travail dont la poursuite nécessite la mobilisation d'unités motrices supplémentaires, et elles sont celles de la relation, travail dont la poursuite asservit l'être, « travail mental », « concentration », « patience ». Fatigue « physique » ou fatigue « nerveuse », l'une n'est pas meilleure que l'autre n'est pire (Proverbe chinois).

Le futur porte les impasses, toutes les impasses, elles obstruent l'horizon du champ de la conscience, empêchent les programmes et interdisent les projets, elles alanguissent le comportement et le mettent en panne. Ces impasses sont celles de l'organisme, appréciation de soi par une note éliminatoire suspendant tout espoir, et celles de la relation, condamnations, déchirures et faillites, coupant la faim de vivre. Dépression « endogène » ou dépression « réactionnelle », vues du septième étage, pas de chance, l'une vaut l'autre.

Ainsi se présente la consultation quotidienne d'un Médecin Généraliste. Mais à l'opposé heureusement, la jouissance, la grande forme et la détermination existent aussi et dominent la planète...

DONS

Le comportement entretient le champ de la conscience où **aucune expression ne s'éteint** complètement, ainsi sans magie ni administration occulte, après des années d'interruption (bis du chapitre « Contrainte à vivre »), celui qui a su nager, faire du vélo, lire, compter, fumer, caresser ou castagner, sourire ou faire la gueule, aimer ou haïr, n'aura aucun problème pour s'y remettre. Georges Chetochine aime redire que "Le regard, la voix et les gestes des mains ne vieillissent pas". Il est fascinant de voir un papy se fâcher sur la route, et bondir hors de sa voiture comme au temps où il avait vingt ans, pour entrer en furie et imposer sa loi. Le contraire existe aussi, et le papy donne un coup de main pour pousser une voiture en panne comme quand il était dans le pack de l'équipe de rugby, il se claque un mollet.

Les physionomistes présents à l'entrée des casinos sont très spectaculaires, et au cinéma leur apparent dilettantisme ne manque jamais d'être filmé avec gros plan sur les pupilles. Le cinéaste cartésien ne voudrait pas manquer à travers ces hublots d'entrevoir la banque cérébrale des visages auxquels ils se réfèrent pour signaler un indésirable. L'illusion est flagrante, tous ces visages siègent sur le champ de la conscience, représenté alors majoritairement par la stratification de la vie professionnelle qui défile devant les cônes et les bâtonnets, et sans cesse ils parcourent le comportement, paré pour déclencher un signal d'interdit dès son implication par l'intrus qui arrive.

Il est coutumier de laisser aller notre focalisation là où elle veut, pendant une détente pour rejoindre l'imaginaire, ou pendant le sommeil pour rejoindre les rêves, en parcourant nos strates, du passé au futur, les armes à la main pour rendre la justice tout en trouvant l'amour.

Par-dessus tout, votre serviteur veut donner cet exemple pour l'avoir vécu, il est un temps très fort de sa vie d'étudiant et sa focalisation y revient à chaque fois qu'il est en difficulté. En sixième année, il était externe dans l'hôpital d'une ville de province, il se produisait, comme il aimait le dire, dans le rôle du jeune con de médecin de garde pour une nuit d'été. Il raconte au présent. Les pompiers amènent un blessé, conscience médiocre, ventre chirurgical, deux heures du matin, il appelle le chirurgien qui remplace le titulaire pendant ces vacances-là et lui annonce : « C'est un éclatement de la rate ». Le chirurgien lui répond : « Oui. Bon, on est deux plus l'infirmière du premier, t'es prêt ? ». En tout cas, lui est déterminé, et votre serviteur fera son aide et son public aussi. Coup de bistouri, le ventre s'ouvre, flot de sang qui inonde les tenues jusqu'aux épaules, ses mains plongent dans la plaie, « J'ai le pédicule, ça y est ». Compresses, fils, etc. etc. Et le type s'est réveillé le lendemain, bien vivant presque comme si rien ne s'était passé. Votre serviteur s'est dit qu'un chirurgien était ce genre d'homme, spécial, extraordinaire, un genre dont il a compris qu'il ne serait jamais, un peu un demi-dieu.

INSOUCIANCE ET ...

Le black-out total règne sur l'**équipement tissulaire**, sur ses individus cellulaires et sur leur activité productrice du comportement. Par contre, son effet intervient dans l'ambiance, s'y exprime sur les récepteurs ambiants et prête à cognition, apprentissage, interprétation et imagination. Un individu constate bien qu'il est le propriétaire de sa bécane, il en connaît les facultés, les performances, le curriculum et les difficultés.

Le poisson rouge passe et repasse, le chat se pourlèche et vérifie ses griffes, le perroquet s'ébroue, le chien se détend, les lions dorment, leurs lionceaux leur mordent les oreilles, l'ours se gratte, le lynx domine son fief. Tout le monde évalue ses chances de survivre. Que ce soit dit ou pas, il faut casser la croûte à midi et ne pas se faire dévorer, surtout par l'autre, là-bas, qui en plus ne manquera pas de vouloir se mesurer un jour et donnera l'assaut.

Il n'y a que l'homme, lui ou elle, qui politique, signe des trêves et en profite, ne songe qu'à couillonner son prochain en évitant les risques, et fait le plus beau en se dorlotant. L'homme moderne n'a pas un nid ni une grotte mais une salle de bain. Dans ce lieu d'intimité, il admire avec attention sa jambe et fait fonctionner le muscle de son mollet. Il fait un geste qui reproduit fictivement une action toute banale, telle que celle de se mettre sur la pointe du pied, et vérifie par la vue et le toucher que ce « beefsteak » contracté est ferme comme il l'espère. Du coup, il vérifie, si besoin était, que sa volonté est suivie d'effet.

Quel animal se rend-t-il compte qu'en focalisant sur cet endroit pour le visiter, l'apprendre mieux et l'entraîner, il en oublie les antagonistes qui œuvrent en proportion et l'autre côté qui le soutient, et le reste qui se charge de la logistique. Lequel imagine être porté par le temps, qui entretient sa conscience et son comportement, et motorise la vie en parcourant le système neuronal. Qui imagine être détenteur d'un système neuro-myocytaire...

ORGUEIL

Cet individu passe son temps à s'occuper de lui. Il se regarde et se commente. Il s'amuse à fermer son poing, il ne comprend pas comment cela marche mais constate que cela marche bien, il s'occupe. Il découvre qu'il a une tache derrière le coude, il soigne sa peau et son corps, confirme ses relations avec l'environnement et frappe dans un ballon de football. Il voit son corps se comporter sous ses yeux, avec ou sans son consentement, il en connaît le palmarès et les aptitudes, il spécule sur lui-même, sur son futur et sa façon de conserver sa vie et de la reproduire... Et tout à coup, tout bascule, il découvre, pauvre pécheur, qu'il peut se retrancher de l'objet de son spectacle et déléguer à son corps le rôle de la dépouille terrestre dans la scène de la mort. Et alors que sa carcasse retournera à la poussière, il lui sera permis une vie éternelle.

Ce phénomène a fait la fortune de tous les courants de pensée obéissant à l'irrationnel, faisant du mystérieux une croyance.

Nous en resterons ici aux limites, honnêtes et pleines de bon sens, de l'interprétation de notre monde donnant lieu à une ouverture de la pensée scientifique sur la philosophie, la métaphysique, et de la pensée humaniste sur les sociétés, les religions.

Septième partie

LE PASSAGE DE VIE A TREPAS

Notre monde a fait naître les êtres et il continue de les entourer en leur concédant une ambiance. Les êtres, eux, sont des « machines » à servir leur ambiance, petit coin de ce monde. L'appareil tissulaire des êtres, par les myocytes qui l'arment et les chairs qui l'habillent, lui renvoie le reflet moteur de l'information qu'il a reçu de lui par ses récepteurs. Il est conçus pour lui répondre, sans cesse jusqu'à ce que des conditions anormales ne surviennent entrainant la mort, interrompant le lien unissant l'enfant et son créateur.

La vie d'un être, finalement, est ce qu'obtient de bien son ambiance de son appareil tissulaire. La mort survient quand l'ambiance ne parvient plus à rien tirer de valable des tissus. Cette extrémité est l'objet favori de la crédulité épouvantée des hommes. Il importe pour eux, plutôt que d'avoir la hantise de voir surgir la Faucheuse, de réaliser que l'ambiance n'est rien moins que le vaste univers qui leur a donné la vie, et qu'en toute sérénité, ils peuvent abandonner leur lutte pitoyable pour l'immortalité, et s'installer dans le confort d'un monde qui les diluera un jour avec générosité et dans la bonne humeur.

CONCLUSION

Ce chapitre des Sciences naturelles de la vie est terminé.

L'Unité, c'est cela,

c'est l'Unité des Êtres de l'Evolution, (j'allais dire Création)

c'est l'Unité de leur Consistance, matérielle et immatérielle,

et

c'est l'Unité de leur Vie avec ses deux Facettes, la Conscience, le Comportement.

L'être se sent vivre, il met un pied devant l'autre, calcule son chemin, se souvient des obstacles, il évalue son plaisir, sa forme et son envie. Sa réception du monde charge sa conscience et passe dans son comportement, et son comportement traduit sa conscience en pleine actualité, l'un est le verso de l'autre et les deux sont la vie. Sise à fleur des revêtements, sa vie est à fleur de peau, et à fleur des viscères, aériens, digestifs, urinaires, génitaux, à fleur du système cardio-vasculaire, à fleur de l'appareil locomoteur.

Quand les persistances congestionnent le comportement, le temps doit les laisser s'éteindre, alors le cérébré se coupe de l'actualité et se repose. Tous en sont là, les Hommes et tous leurs compagnons du règne. C'est la nuit, ou le jour, ou l'hiver, ou l'été, ici, ou ailleurs, la vie au ralenti.

Et un mauvais matin, c'est le dernier, des conditions anormales surviennent, contraintes, maladies, traumatismes ou artifices quelconques, le tourbillon de l'information s'arrête, l'EEG reste plat, la vie s'en est allée.